Diercke
Geographie

Hamburg
Gymnasium

Klasse 5

Moderator:
Ulrich Brameier

Autorin und Autoren:
Ulrich Brameier
Dieter Engelmann
Norma Kreuzberger
Jürgen Nebel
unter Mitwirkung
der Verlagsredaktion

Einbandfoto: Kutter und Seenotrettungsboot im Hafen von Neuharlingersiel (Ostfriesland)

westermann GRUPPE

Druck A[2] / Jahr 2017
Alle Drucke der Serie A sind im Unterricht parallel verwendbar.

Lektorat: Thomas Eck
Umschlaggestaltung: Thomas Schröder
Herstellung: Lektoratsbüro Eck, Berlin, Yvonne Behnke
Druck und Bindung: westermann druck GmbH, Braunschweig

ISBN 978-3-14-**114416**-1

Dein Geographiebuch stellt sich vor

Ganz wichtig ist für dich Folgendes:

Dein neues Buch zeigt dir ganz unten auf den Seiten in grauer Schrift, was du unbedingt lernen musst.
Das ist das **Grundwissen**. Und du kannst sofort erkennen, was nur zur **Übung** dient.

Die Seiten zum **Grundwissen**:

Die fett gedruckten Wörter, die **Grundbegriffe**, sind wichtig. Die musst du lernen. Sie werden am Ende des Buches im Miniexikon in alphabetischer Reihenfolge aufgelistet und noch einmal erklärt.

Die **Info-Kästen** geben dir interessante Informationen.

Grundwissen

Die Seiten zur **Übung**:

Diese Seiten enthalten interessante Beispiele, die dir das Lernen erleichtern.

Außerdem findest du hier die Arbeitsaufträge.

Übung

METHODE

Auf den **Methodenseiten** lernst du, wie du dir im Fach Geographie die Welt erschließen kannst.

Grundwissen / Übung

Die gelben Kästen sind wichtige Gebrauchsanweisungen. (Sie gehören zum Grundwissen.)

Grundwissen / Übung

METHODE

PROJEKT

Auf den **Projektseiten** bekommst du Anregungen, wie du das Gelernte an ausgewählten Raumbeispielen anwenden kannst;

Übung

zum Beispiel, wie man einen bestimmten Raum „unter die Lupe“ nimmt oder außerhalb der Schule Erkundungen durchführt.

Übung

PROJEKT

Inhaltsverzeichnis

Geographie –
Wir entdecken die Welt

Neue Wege in die Schule

Zu Fuß, mit dem Rad oder mit dem Bus

Christina, Lisa, Gül, Alexia, Ahmed und Lucas treffen sich jetzt morgens vor ihrer früheren Grundschule und fahren mit dem Fahrrad zur neuen Schule. Mit dem Rad benötigen sie noch nicht einmal zehn Minuten zur Schule. Würden sie zu Fuß gehen, müssten sie die doppelte Zeit einplanen. Kein Wunder, dass sie selbst bei Regen lieber mit dem Fahrrad fahren!

Andere Klassenkameraden treffen sich an der Haltestelle und warten dort auf den Bus. Kommt der Bus, herrscht großes Gedränge. Zwar erhält jeder einen Sitzplatz, doch gerade die Großen wollen einen guten Platz ganz hinten ergattern.

Der Bus hält auf dem Weg zur neuen Schule an weiteren Haltestellen. Dort steigen noch andere Fahrgäste und Schüler zu. Manchmal kommt es vor, dass einige von ihnen stehen müssen.

Die neue Schule auf dem Stadtplan

Auf einem **Stadtplan** suchen die Mädchen und Jungen ihre neue Schule.

Der Stadtplan zeigt die Stadt und ihre Umgebung senkrecht von oben. Über den Stadtplan ist ein Gitternetz gelegt. Das sind die blauen Linien. Diese bilden einzelne Rechtecke. Man nennt sie **Planquadrate**. Jedes Planquadrat kann man bezeichnen. Dazu gibt es am oberen und unteren Kartenrand Buchstaben: A, B, C usw., und an den seitlichen Kartenrändern gibt es Zahlen: 1, 2, 3 usw. So heißt zum Beispiel ein Planquadrat B3.

Der Stadtplan ist „genordet". Das heißt, auf dem Stadtplan ist Norden oben. Wer also nördlich der Schule wohnt, muss auf dem Stadtplan oberhalb der Schule seine Wohnung suchen.

Die Jungen und Mädchen merken sich, wo die Himmelsrichtungen auf dem Stadtplan sind. Jetzt ist es leicht festzustellen, wer nördlich oder westlich der Schule wohnt.

Bestimmung der Himmelsrichtungen

Ein Kompass ist ein Instrument zur Bestimmung der Himmelsrichtungen. Er enthält eine Nadel, die sich dreht. Eine Spitze dieser Nadel richtet sich zum **Nordpol** aus. Unter der Kompassnadel liegt eine **Windrose** mit den einzelnen Himmelsrichtungen. Der Kompass muss so gedreht werden, dass Magnetnadel und Nordrichtung der Windrose übereinander liegen. Dann kann man die Himmelsrichtungen im Gelände bestimmen.

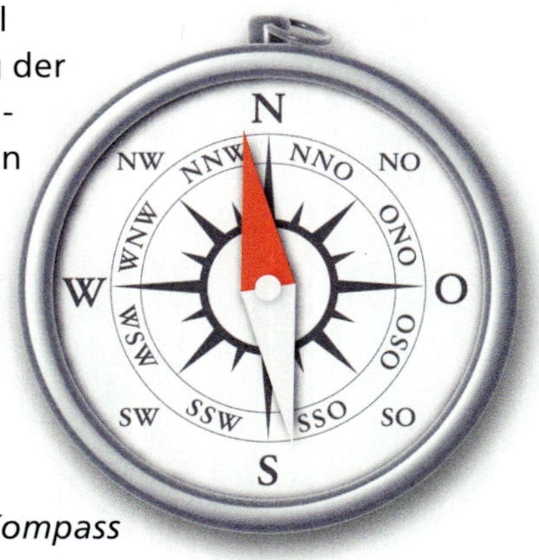

M1 *Kompass*

Auch ohne Kompass lassen sich die Himmelsrichtungen bestimmen. Man kann zum Beispiel mit einer Zeigerarmbanduhr und der Sonne die Südrichtung feststellen. Zuerst musst du die Uhr (während der Winterzeit) so drehen, dass der Stundenzeiger Richtung Sonne gerichtet ist. Süden ist dann in der Mitte zwischen dem Stundenzeiger und der Zahl 12 auf dem Zifferblatt.

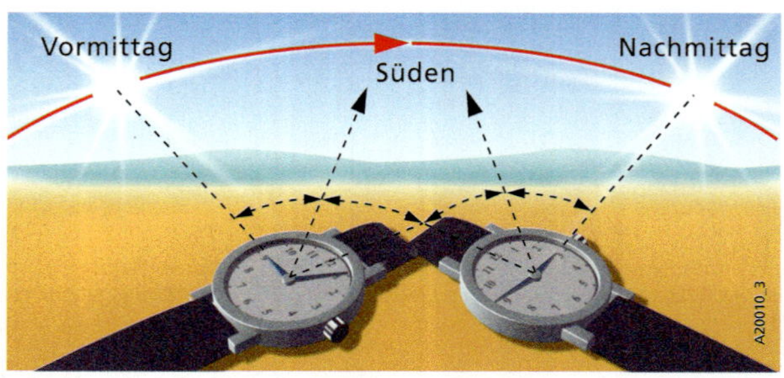

M2 *Bestimmung der Himmelsrichtung mit der Armbanduhr*

Im Osten geht die Sonne auf,
im Süden steigt sie hoch hinauf,
im Westen wird sie untergehen,
im Norden ist sie nie zu sehen.

M3 *Merkvers*

1 Bestimme in M4 die Himmelsrichtungen a) bis h).

2 a) Besorgt euch einen Kompass und Kreide und geht auf den Schulhof.
Markiert einen Punkt und ordnet die Himmelsrichtungen darum an.
Bestimmt jeweils, in welcher Himmelsrichtung ihr wohnt. Stellt euch alle in der richtigen Himmelsrichtung neben den Punkt.

3 Bestimmt in M5 die Himmelsrichtungen:
Links: ..., oben: ..., rechts: ..., unten ... .

4 Betrachte M5. Das Gymnasium Oberalster liegt im Planquadrat B3. Schülerinnen und Schüler kommen unter anderem aus Wellingsbüttel, Poppenbüttel, Lemsahl-Mellingenstedt und Bergstedt.
a) Suche die Wohngebiete und notiere die Planquadrate.
b) Bestimme die Himmelsrichtung der Stadtteile von der Schule aus.

5 Für die folgende Aufgabe brauchst du einen Plan des Stadtteils, in dem deine Schule liegt.
a) Schreibe den Namen der Straße auf, an der deine Schule liegt.
b) Ermittle das Planquadrat, in dem deine Schule liegt.
c) Lokalisiere die Lage deiner Straße im Stadtplan. Gib das Planquadrat an.
d) Bestimme, in welcher Himmelsrichtung von der Schule aus deine Wohnung liegt.

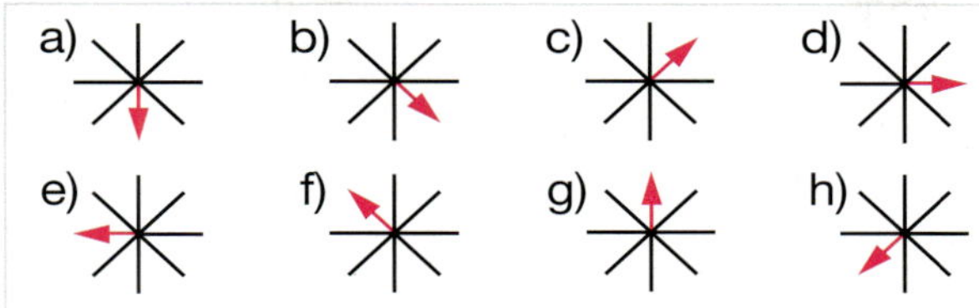

M4 *Himmelsrichtungen*

M6 *Lage von Hamburg*

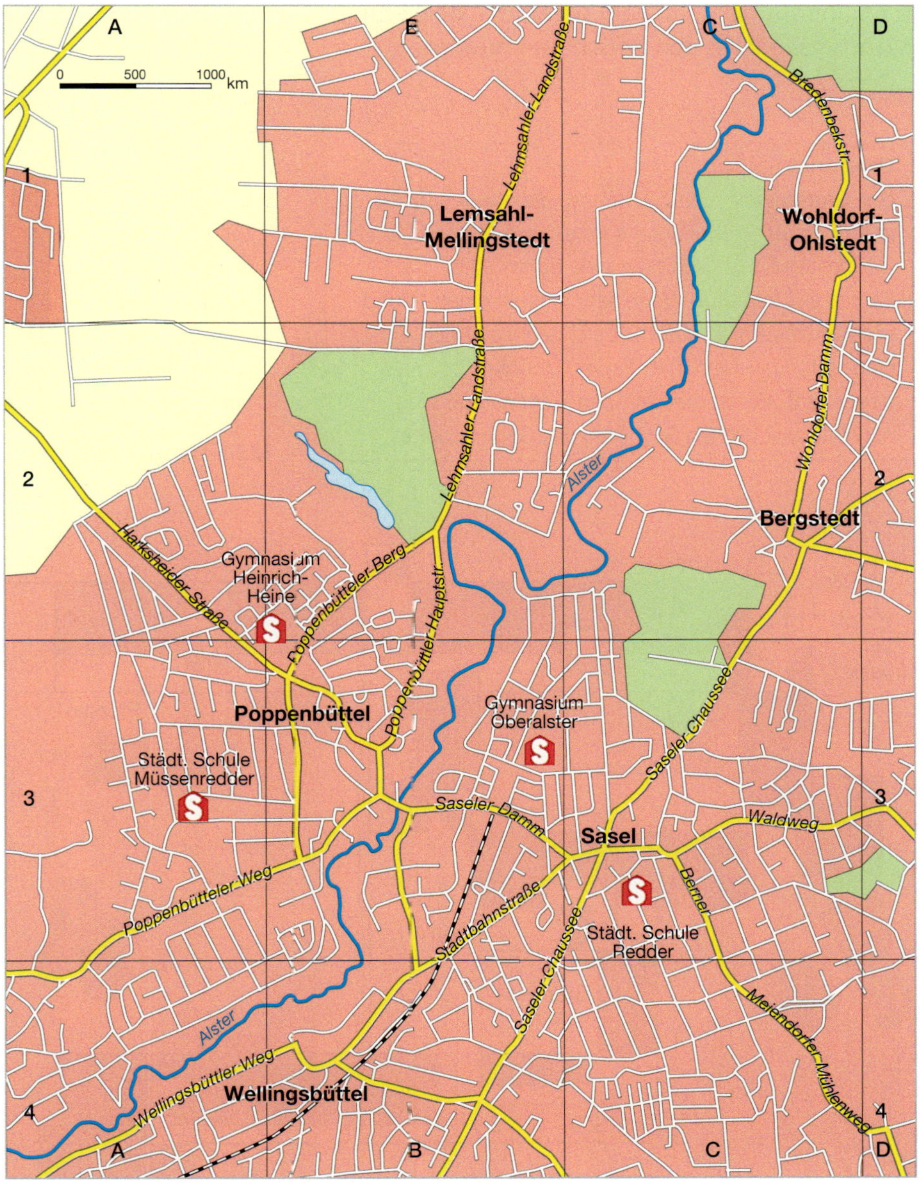

M5 *Ausschnitt eines Stadtplanes von Hamburg*

Wir erkunden unsere Schule

Unterwegs in der neuen Schule

Sekretariat, Schulleitung, Bücherei, Werkräume, Küche, Physikraum, Computerraum, Lehrerzimmer, Musikraum, Caféteria – mehrere Gebäude mit verschiedenen Stockwerken, viele Flure, Pausenhöfe, Klassenräume, Gruppenräume, Fachräume.

Damit die Jungen und Mädchen sich in der Schule zurechtfinden, planen sie einen „Erkundungstag“. Sie führen ein Fotosuchspiel durch, befragen Menschen, die an der Schule arbeiten, machen eine Schatzsuche und unternehmen eine Schulrallye. Dazu benötigen sie den Grundriss der Schule. Manchmal gibt es den im Schulsekretariat.

INFO

Grundriss

Der Grundriss ist eine Zeichnung, die etwas senkrecht von oben als Grundfläche darstellt, zum Beispiel einen Gegenstand, ein Haus oder eine ganze Stadt. Du kannst auf folgende Weise sehr einfach einen Grundriss von einem Gegenstand zeichnen: Lege den Gegenstand auf ein Blatt Papier. Umfahre ihn mit einem Stift. Wenn du dann den Gegenstand wegnimmst, hast du den Grundriss des Gegenstandes.

M2 *In der Schulbibliothek*

Die Lehrerin hat in der Schule verschiedene Stellen fotografiert. Sie sind nicht leicht zu finden. Entweder zeigt das Foto einen kleinen Teil ganz groß oder es zeigt Stellen, auf die kaum jemand achtet. Nun sollen die Schülerinnen und Schüler herausfinden, wo die Fotos gemacht wurden. Ihr könnt das Suchspiel auch für euch selbst oder für eine andere Klasse organisieren. Fotografiert Einzelheiten an eurer Schule, stellt die Bilder aus und lasst die anderen die Stellen suchen (hier: Pfosten in der neuen Schule).

M3 *Fotosuchspiel*

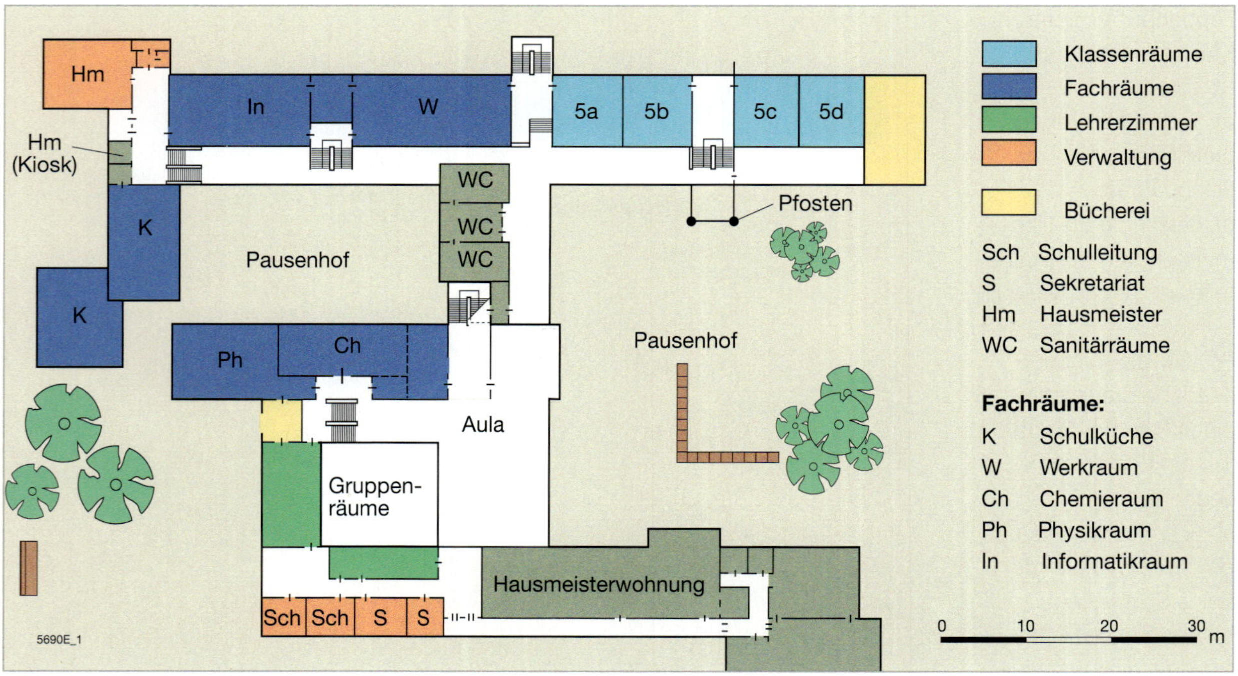

M1 *Grundriss vom Erdgeschoss einer Schule (Ausschnitt)*

1. Schritt: Vorbereitung
Entscheidet euch, wen ihr befragen wollt. Stellt eine Liste mit Fragen zusammen. Ihr benötigt: Fragebogen, Schreibzeug und Fotoapparat.

2. Schritt: Durchführung
Jeweils zwei bis vier Schülerinnen und Schüler führen in Gruppen die Befragung durch. Die Antworten werden schriftlich notiert.

3. Schritt: Auswertung
Es werden Plakate mit den Fotos und den wichtigsten Ergebnissen der Befragung gestaltet.

Inge Neumann
Beruf: Schulsekretärin

M4 *Befragung von Menschen, die an der Schule arbeiten*

Die Klasse macht eine „Schatzsuche". Dazu teilt sie sich in mehrere Gruppen auf. Jede Gruppe wählt einen Gegenstand auf dem Schulgelände als „Schatz" aus. Eine Gruppe hat sich für die Tischtennisplatte entschieden.
Sie zeichnet eine „Schatzkarte". Auf dem Grundriss der Schule wird die Stelle angekreuzt, an der sich die Tischtennisplatte befindet. Dann tauschen die Gruppen ihre Schatzkarten aus und die Schatzsuche beginnt.

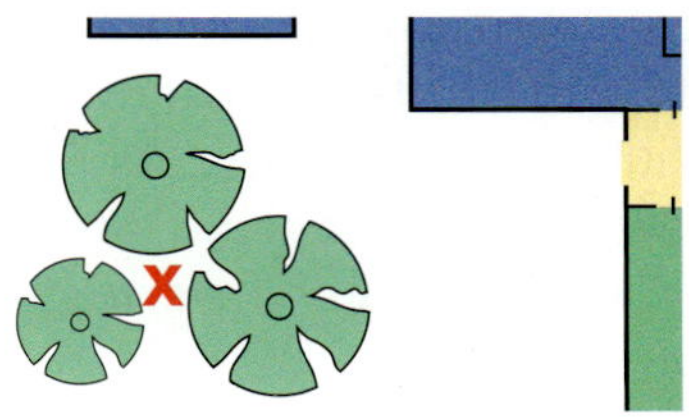

M5 *Schatzsuche*

Material: Grundriss der Schule, Schreibzeug, Fragebogen

Durchführung: Jeweils zwei Schülerinnen und Schüler lösen gruppenweise die Aufgaben des Fragebogens.

Auswertung: Für jede richtige Antwort gibt es einen Punkt. Die Gruppe mit den meisten Punkten gewinnt.

Aufgabe 1:
- Erkundigt euch im Sekretariat, ob es eine Liste mit den Namen der Lehrerinnen und Lehrer gibt.
- Welche Lehrerinnen und Lehrer unterrichten das Fach Geographie?
- Wie viele Schülerinnen und Schüler hat eure Schule?

Aufgabe 2:
- Nennt fünf verschiedene Sachen, die ihr in der Caféteria kaufen könnt.
- Was kosten sie?
- Wie viele Sitzplätze gibt es in der Caféteria?

Aufgabe 3:
- Welche Spielgeräte findet ihr auf den Pausenhöfen?

Aufgabe 4:
- Nennt die verschiedenen Fachräume der Schule.

Aufgabe 5:
- Wo findet ihr Informationen über Arbeitsgemeinschaften?
- Nennt zwei Arbeitsgemeinschaften.

Aufgabe 6:
- Was steht für morgen auf dem Vertretungsplan für eure Klasse?

Aufgabe 7:
- Wo bewahrt der Hausmeister die Fundsachen auf?

Aufgabe 8:
- Nennt die Zahl der Computer im Informatikraum.

Beispiel eines Fragebogens

M6 *Eine Rallye durch die Schule*

Bodenversiegelung – ein Projekt auf dem Schulgelände

M1 *Versiegelter Schulhof*

M3 *Entsiegelter Schulhof*

Auf dem Schulhof

Viele Schulhöfe sind betoniert oder asphaltiert. Sie sollen ordentlich aussehen, pflegeleicht und gut begehbar sein. Aber an heißen Sommertagen können sie sich stark aufheizen. Regengüsse können nicht im Boden versickern. Viele Schulen haben die Nachteile erkannt. Sie wollen auf ihrem Schulhof die Asphalt- oder Betondecke ganz oder teilweise aufreißen und diese Fläche entsiegeln.
Erkundet die Bodenversiegelung eures Schulhofes.

üblich	erstrebenswert
– nackte Gebäude und Dächer	– Fassaden-, Dachbegrünung
– große Asphaltflächen	– kleine Asphaltflächen – Rasengittersteine oder anderes durchlässiges Pflaster – offener Boden (verschieden bepflanzt oder sich selbst begrünend)
– Intensivrasen (oft gemäht, z. T. gespritzt)	– Restrasen (ungedüngt, ungespritzt) – Wiese (normal, trocken, feucht) – Tümpel – Nutzgarten
– exotische Bodendecker	– heimische Gehölze – Wiese
– exotische Bäume und Sträucher	– allmählicher Ersatz durch heimische Gehölze

M2 *Tipps zur Umgestaltung des Schulhofes*

1. Schritt: Vorbereitung
Informiert euch, womit Schulhöfe versiegelt werden. Beschreibt Vor- und Nachteile.

2. Schritt: Durchführung

Erheben:
Die Art der Versiegelung eures Schulhofes kann auch bei einer Besichtigung erfasst werden. Zeichnet alle versiegelten und nichtversiegelten Flächen eures Schulgrundstückes in einen Lageplan ein (Beispiele für versiegelte Flächen: Gebäude, gepflasterter Hof; Beispiele für unversiegelte Flächen: Gras, Bepflanzungen). Ihr könnt das ungefähre Verhältnis der versiegelten zur unversiegelten Fläche ermitteln: Kopiert ein Karoblatt auf Folie, legt es über den Lageplan und zählt die Kästchen für versiegelte und nicht versiegelte Bereiche.

Befragen:
Befragt die Schulleitung, ob Umgestaltungen oder Entsiegelungen geplant sind. Oder befragt ältere Personen, wie der Schulhof früher ausgesehen hat. Fotos dazu könnten zum Beispiel in einer Schulchronik zu finden sein.

3. Schritt: Auswertung
Nehmt dazu Stellung, ob euer Schulhof genügend unversiegelte Flächen aufweist oder ob etwas verbessert werden sollte.

Eine Wandzeitung gestalten

Wir erstellen eine Wandzeitung

Mithilfe einer Wandzeitung könnt ihr eure Mitschülerinnen und Mitschüler über eure Arbeitsergebnisse informieren. Eine Wandzeitung fertigt ihr am besten in Kleingruppen an.

M4 *Schüler bei der Anfertigung einer Wandzeitung in einer Kleingruppe*

1 Bildet Kleingruppen mit höchstens vier Schülerinnen und Schülern. Erstellt eine Wandzeitung über eine Erkundung im Nahraum oder über das Thema „Unser Hausmüll".

Vier Schritte zur Erstellung einer Wandzeitung

1. Material beschaffen
Beschafft euch verschiedene Materialien über das Thema, welches ihr vorstellen möchtet. Informationen erhaltet ihr durch eigene Erkundungen, im Lexikon, in Zeitschriften, in Zeitungen oder im Internet.

2. Material anfertigen
Fertigt Kopien von den Materialien an oder zeichnet Grafiken, Karten und Diagramme ab. Schreibt kurze Texte zum Thema, die später auf die Wandzeitung aufgeklebt werden. Beachtet, dass ihr möglichst groß schreiben müsst.

3. Einzelne Beiträge erstellen
Besorgt euch große Bögen Karton oder Tapete und ordnet die einzelnen Darstellungen probeweise darauf an. Klebt die Materialien anschließend auf. Weitere Hinweise oder Verbindungslinien zwischen Texten und Bildern könnt ihr direkt einzeichnen.

4. Präsentation der Wandzeitung
Schreibt eure Namen auf eure Wandzeitung und hängt sie an einer freien Stelle im Klassenraum oder an einer Stellwand auf.

M5 *Teil einer Wandzeitung zum Thema „Unser Hausmüll"*

Mit dem Atlas arbeiten

Der Atlas – eine Sammlung von Karten

Ein wichtiges Hilfsmittel in der Schule ist der Atlas (zum Beispiel der Diercke Weltatlas). Er enthält eine Sammlung von Karten.
Häufig brauchst du den Atlas auch zu Hause. Er hilft dir zum Beispiel, deine Ferienziele oder den Wohnort von Verwandten zu finden.

Du kannst auch im Atlas nachschauen, wenn du beispielsweise etwas über die Anbaugebiete von Kakao oder über die Lage eines Vulkans erfahren möchtest.
Damit du mit dem Atlas gut und schnell arbeiten kannst, besteht er aus mehreren Teilen.

① Ganz vorn im Atlas auf dem Buchdeckel ist die ***Kartenübersicht***. Hier sind verschiedene Gebiete der Erde eingezeichnet und mit einer Seitenzahl versehen. So siehst du auf einen Blick, auf welcher Seite im Atlas hierzu eine Karte vorhanden ist.

② Das ***Inhaltsverzeichnis*** enthält die Überschriften aller Karten im Atlas mit den Seitenzahlen, auf denen sie zu finden sind.

③ Der Schwerpunkt des Atlas ist der ***Kartenteil***. Er enthält alle Karten. In vielen Atlanten kommen zuerst die Karten zu Deutschland, Europa und den übrigen Kontinenten, danach die Karten über die Erde.

④ Das ***Register*** ist ein alphabetisches Verzeichnis der Namen, die auf den Karten im Atlas vorkommen. Das sind Städte, Länder, Flüsse, Meere, Berge und Landschaften.
Hinter dem jeweiligen Namen stehen die Seitenzahl und das Planquadrat (z.B. 122, A 3). Damit kannst du den gesuchten Ort mithilfe des Gitternetzes schnell finden.
In vielen Atlanten gibt es zusätzlich ein ***Sachwortregister***. Dort sind wichtige Begriffe zu verschiedenen Sachthemen alphabetisch aufgelistet. Hinter den Begriffen stehen die Seitenzahlen im Atlas und die Nummern der Einzelkarten, auf denen sie zu finden sind (z.B. 166.2).

M1 *So ist der Atlas aufgebaut*

M2 *Aus dem Titelblatt des ersten Atlas von Gerhard Mercator aus dem Jahr 1595*

INFO

Atlas (Mehrzahl: **Atlanten**)
Der Atlas ist eine Sammlung von Karten in einem Buch. Der Name Atlas wurde durch den Forscher Gerhard Mercator im 16. Jahrhundert eingeführt. Er nannte seine Kartensammlung „Atlas".
Lange Zeit meinte man, dass Mercator seine Kartensammlung nach einem Riesen mit Namen Atlas benannt hätte. In einer alten griechischen Sage trägt dieser Riese die gesamte Erde auf seinen Schultern.
Erst Anfang der 1990er-Jahre fand man heraus, dass Mercator seine Kartensammlung nach dem König Atlas von Mauretanien benannt hatte. Mercator verehrte diesen König wegen seiner Weisheit und Menschlichkeit.
Fälschlicherweise hat sich aber der Riese Atlas als Namensgeber für unsere Atlanten durchgesetzt.
Man findet den Erdball-Träger Atlas auf vielen Bildern und als Statue.

Drei Schritte, um einen Ort im Atlas zu finden

1. Suche den Namen im Register. Schreibe Seite und Planquadrat auf.
2. Schlage die entsprechende Seite im Atlas auf.
3. Suche den Namen in dem angegebenen Planquadrat.

G

Gaalkacyo 181, H 5
Gabis 180, D 2
Gablonz (Jablonec nad Nisou) 51, L 3
Gaborone 182, D 5
Gabun 171, 3 C 4
Gadebusch 49, G 2
Gades 86, 1 B 3
Gafsa 180, D 2
Gaggenau 52, D 4
Gagnon 203, G 1
Gail 119, K 4
Gaildorf 52, E 3
Gailtaler Alpen 119, J/K 4
Gaimersheim 53, G 4
Gainesville 201, F 4
Galana 183, E 3
Galápagos-Inseln 189, 1 K 10
Galaţi 115, H 4
Galdhøpiggen 104, C/D 4

M3 *Register (Auszug)*

Orte

Einwohner			
über			5 000 000
1 000 000	–		5 000 000
500 000	–		1 000 000
100 000	–		500 000
20 000	–		100 000
unter			20 000

M4 *Legende (Auszug)*

Das Beispiel Gafsa (Tunesien)

Du suchst den Ort Gafsa im Register.
Im Register findest du:

Name	Seite	Planquadrat
Gafsa	180	D2

	A	B	C	D	E	F	G
1							
2				D2			
3							
4							
5							
6							

7682E_5

M6 *Planquadrate*

Gafsa ist eine Stadt in Tunesien (Afrika). Ihre Einwohnerzahl liegt zwischen 20000 und 100000.

M5 *Der Ort Gafsa in Tunesien (Afrika)*

1 Schreibe die Namen der folgenden Länder untereinander: Guyana, Guinea, Spanien, Kanada, Indien. Schreibe hinter die Ländernamen die Atlas-Seite und das Planquadrat (Register). Schlage dann die entsprechende Seite im Atlas auf.

2 Schreibe folgende Namen untereinander: Aconcagua, Suriname, Brocken, Anden, Nil. Bestimme mithilfe des Registers im Atlas die Seite und das Planquadrat. Schlage dann die entsprechende Seite im Atlas auf und schreibe dazu, ob es sich um eine Stadt, einen Berg oder einen Fluss handelt.

M1 *Helena hat einen Freizeitpark besucht. Dort sind berühmte Bauwerke im Maßstab 1 : 25 nachgebaut, zum Beispiel der Eiffelturm.*

INFO

Maßstabsleiste
Auf vielen Karten gibt es eine Maßstabsleiste. Sie erspart das Umrechnen. Man kann mit einem Lineal abmessen, wie lang eine Strecke auf der Karte in Wirklichkeit ist.

Der Maßstab

Ein Maß für die Verkleinerung

Fabian hat seinen Fahrradschlüssel verloren. Dann entdeckt er ihn vor der Schule. In M2 ist der Schlüssel so groß dargestellt, wie er in Wirklichkeit ist. Das Bild hat den **Maßstab** 1 : 1 (man spricht: „eins zu eins").
In M3 ist der Schlüssel 10-mal keiner gezeichnet. Das Bild hat den Maßstab 1 : 10 (man spricht: „eins zu zehn").
Die Maßstäbe der übrigen Bilder sind noch kleiner. Der Schlüssel ist nicht mehr zu erkennen. In M4 ist die Lage des Schlüssels rot markiert. Im Unterschied zu M2 – M4 ist in M5 die ganze Schule mit der Umgebung abgebildet.
Der Maßstab ist ein Maß für die Verkleinerung:
Je größer die Zahl hinter dem Doppelpunkt, umso kleiner ist der Maßstab.

Großer Maßstab – kleiner Maßstab

Die Karten M6 und M7 enthalten Städte in Norddeutschland. M6 hat einen größeren Maßstab. Alles ist größer dargestellt. Dafür ist ein kleineres Gebiet abgebildet. M7 hat einen kleineren Maßstab. Dafür ist ein größeres Gebiet zu sehen. Es sind jedoch weniger Einzelheiten abgebildet.

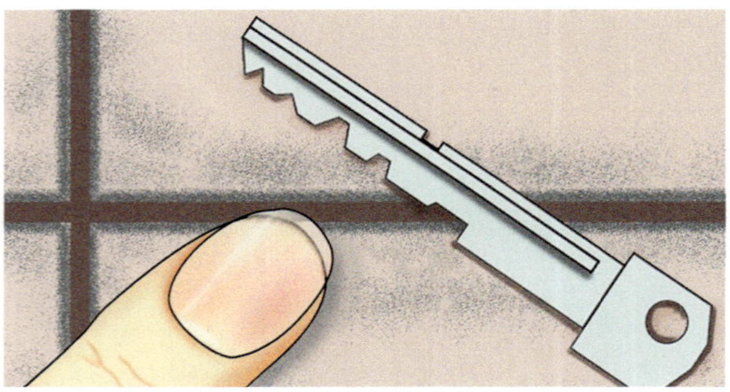

M2 *Maßstab 1 : 1*

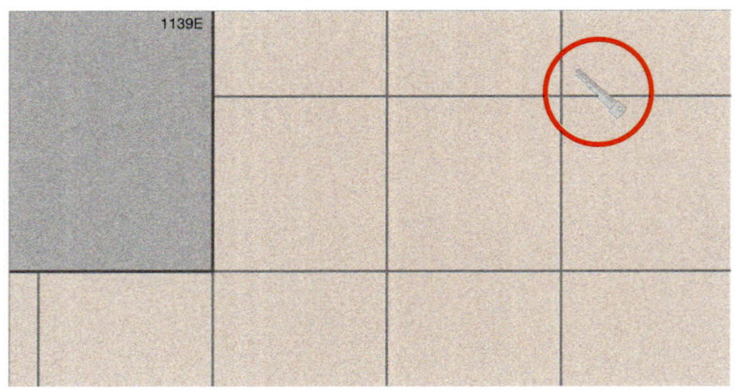

M3 *Maßstab 1 : 10*

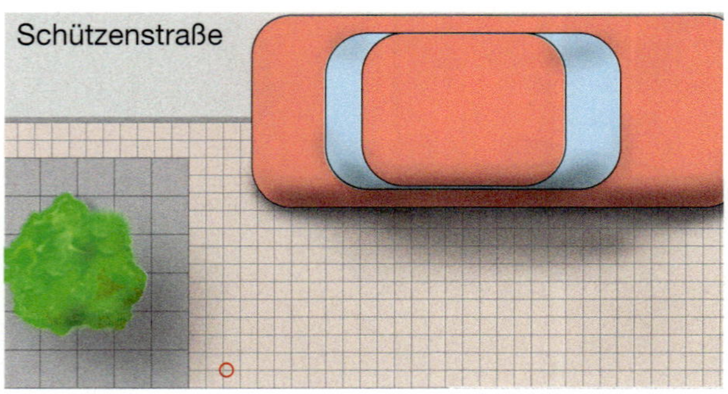

M4 *Maßstab 1 : 100*

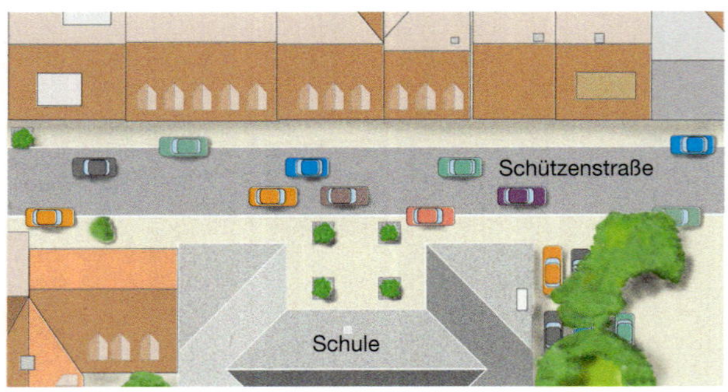

M5 *Maßstab 1 : 1000*

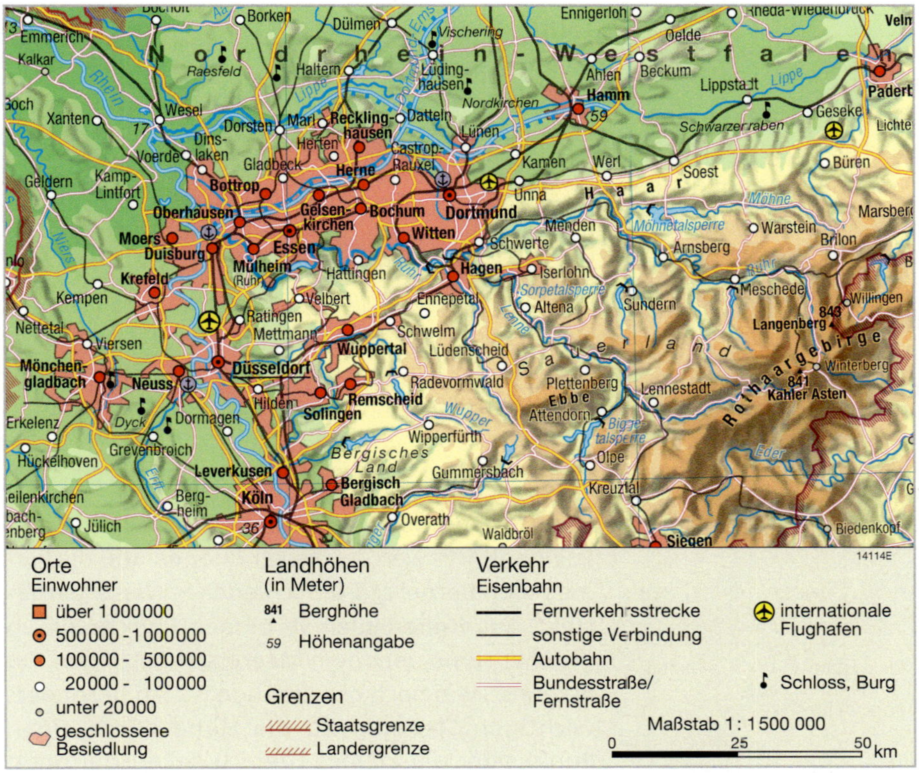

M6 *Kartenausschnitt im Maßstab 1 : 1 500 000*

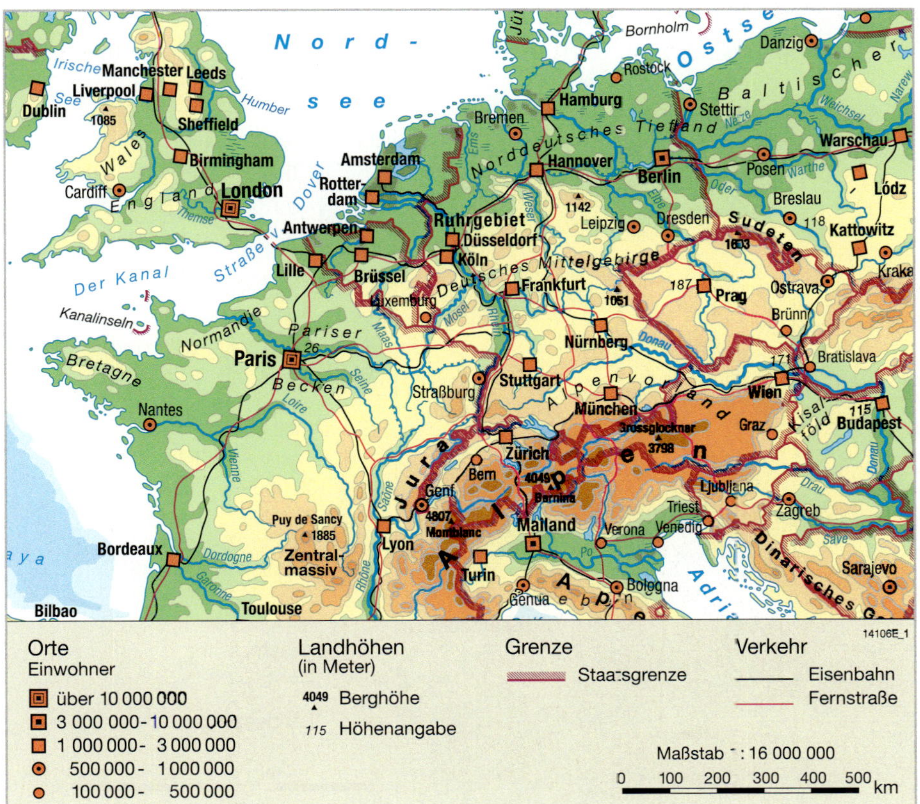

M7 *Kartenausschnitt im Maßstab 1 : 16 000 000*

1 Fabians Fahrradschlüssel sieht immer kleiner aus. Schließlich ist er nicht mehr zu erkennen (M2–M5). Erkläre.

2 Betrachte M2 – M5. Überprüfe, welcher der beiden Sätze richtig ist:
a) Je größer der Maßstab, desto größer ist der Schlüssel.
b) Je größer der Maßstab, desto kleiner ist der Schlüssel.

3 Lege Transparentpapier auf M5. Zeichne den Umriss der Schule und der vier Bäume. Markiere nun die Lage von Fabians Fahrradschlüssel mit einem roten Punkt.

4 Ordne die Maßstäbe. Schreibe den größeren Maßstab zuerst auf und den kleinsten zuletzt:
Maßstab 1 : 1 000 000
Maßstab 1 : 140 000 000
Maßstab 1 : 50 000
Maßstab 1 : 10 000
Maßstab 1 : 500 000

5 Suche fünf Karten im Atlas mit unterschiedlichem Maßstab. Erstelle eine Tabelle mit Seitenzahl im Atlas, Kartentitel und Maßstab.

6 Der Eiffelturm in Paris ist rund 325 m hoch. Berechne die Höhe des Modells in dem Freizeitpark, den Helena besucht hat (M1).

Zwei Kartenarten

Die Karten im Atlas unterscheiden sich. Es gibt Karten, die besonders gut die Oberflächenformen der Landschaft sowie die Verteilung der Städte und Flüsse zeigen. Diese Kartenart nennt man **physische Karte.**
Eine andere Kartenart ist die **thematische Karte.** Sie behandelt ein bestimmtes Thema: Es gibt zum Beispiel Wirtschaftskarten, Klimakarten, Fremdenverkehrskarten.
Bei allen Karten ist die **Legende** wichtig. In ihr sind die Einzelzeichen (Signaturen) und Flächenfarben erklärt.

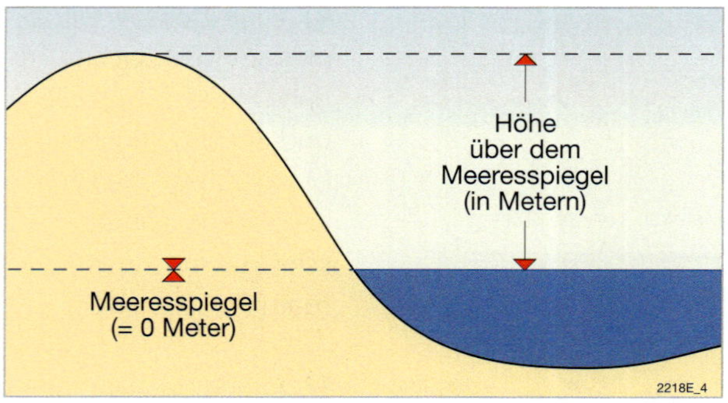

M1 *Höhenmessung vom Meeresspiegel aus*

INFO 1

Die physische Karte
Die Karte M2 ist eine physische Karte. Sie zeigt dir die Landhöhen, den Verlauf der Gewässer, die Lage von Orten und vieles mehr.
Alle Höhenangaben beziehen sich auf den Meeresspiegel (0 m). So bedeutet zum Beispiel die Zahl 155: Dieser Punkt liegt 155 m über dem Meeresspiegel, abgekürzt 155 m ü. M. Die gesamte Landschaft im Kartenausschnitt liegt unter 200 m Höhe. Um den Ort Quickborn erkennst du grün und gelb eingefärbte Gebiete bis 50 m Höhe. In den Harburger Bergen siehst du braune Gebiete, die über 150 m hoch sind.

Von Höhenlinien und Höhenschichten

In einer Karte werden die Landhöhen und die Formen der Berge auf verschiedene Weise dargestellt. Die **Höhenlinien** verbinden Punkte, die in gleicher Höhe über dem Meeresspiegel liegen. Du erkennst, wie hoch das Gelände ist. An besonders wichtigen Stellen wird die Höhe durch einen Punkt oder ein kleines Dreieck gekennzeichnet. Oft ist die Höhenangabe danebengeschrieben.
Die Flächen zwischen zwei Höhenlinien werden farbig ausgemalt. Mit zunehmender Höhe wechselt die Farbe von Grün über Gelb nach Braun.

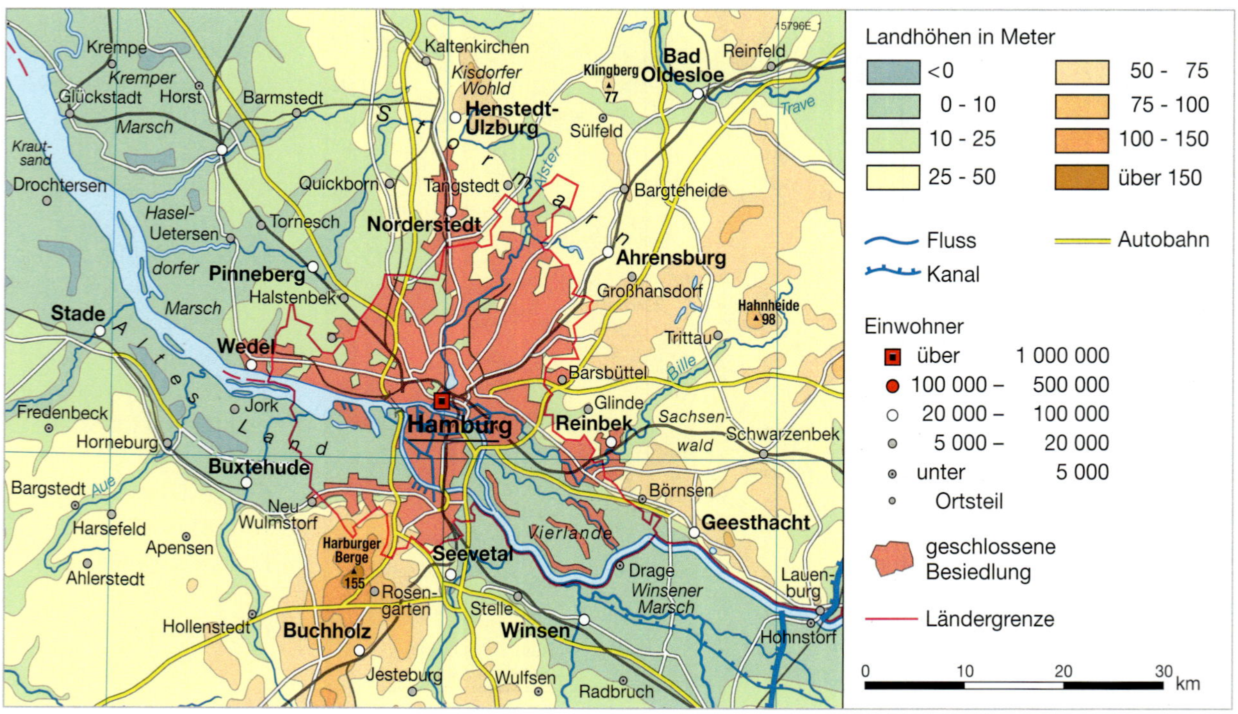

M2 *Ausschnitt aus einer physischen Karte*

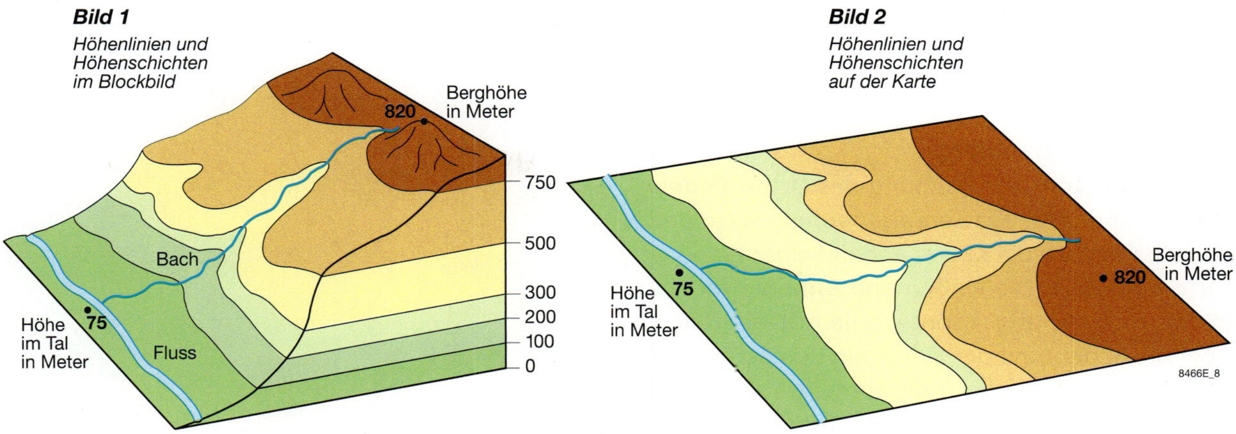

M3 *Höhendarstellungen (Die Flächen zwischen den Höhenlinien sind Höhenschichten.)*

INFO 2

Signaturen und Flächenfarben

●■ „Punkte":
Diese Zeichen geben zum Beispiel die Lage von Städten sowie von bestimmten Industrie- und Bergbaustandorten an.

Linien:
Sie zeigen unter anderem den Verlauf von Flüssen, Straßen, Eisenbahnstrecken und Grenzen.

Bildhafte Zeichen:
Sie beschreiben zum Beispiel Orte, Industrien, Schlösser/Burgen.

Flächen:
Die Flächenfarben vermitteln einen Überblick über Landhöhen, Wasserflächen, Wälder, Bodennutzung, die Flächen von Staaten und vieles andere.

1 Übertrage die folgende Tabelle in deine Mappe oder dein Heft, und ergänze mithilfe des Atlas die Höhenangaben der Berge:

Region	höchster Berg	Höhe
Deutschland	Zugspitze	?
Europa	Montblanc	?
Asien	Mt. Everest	?

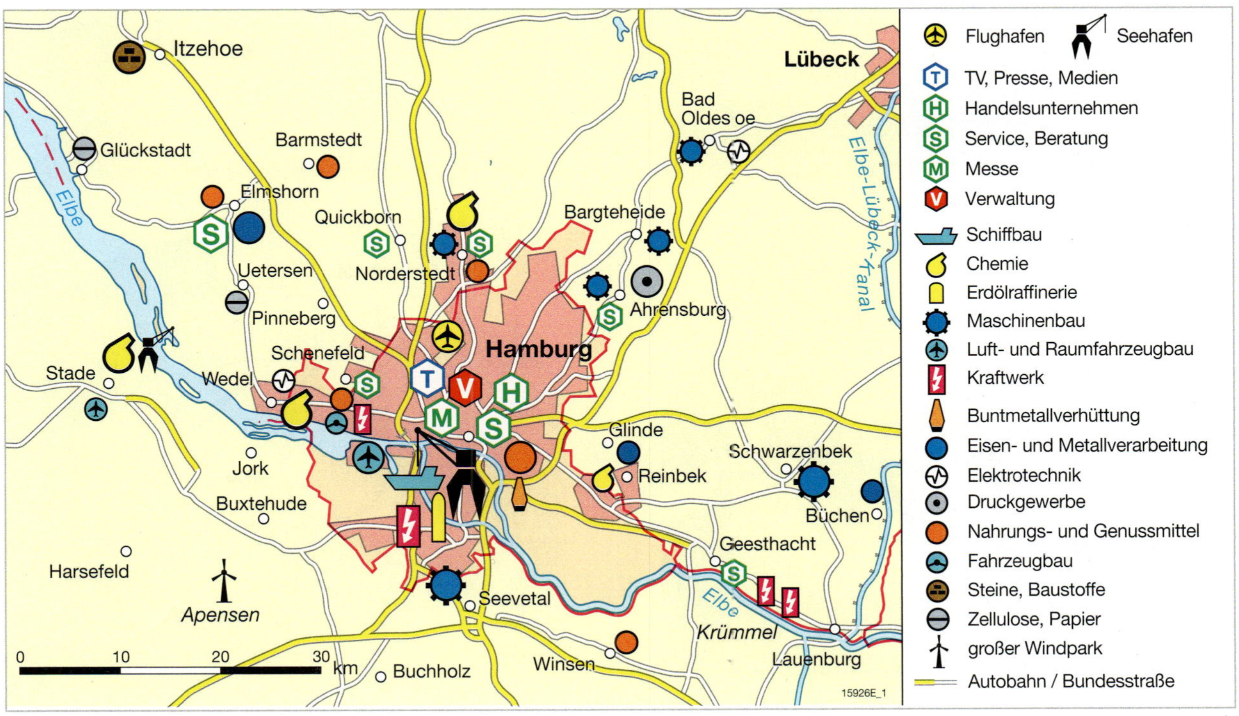

M4 *Ausschnitt aus einer thematischen Karte*

Wie Berge auf Landkarten dargestellt werden

Die Linien um den Berg

Eine Klasse hat die Umgebung des Ortes, in dem sie während ihrer Klassenreise wohnt, erkundet. Dabei haben sich die Kinder anhand einer Wanderkarte orientiert. Die Farben und Symbole für Gebäude, Straßen usw. konnten alle gut verstehen. Aber die Bedeutung der Linien um den Berg musste noch geklärt werden. Im Unterricht soll nun die Bedeutung dieser Linien herausgefunden werden. Deshalb hat die Lehrerin vorgeschlagen, dass die Schülerinnen und Schüler einen Berg als Modell nachbauen. Dazu benötigen sie Gips, ein Aquarium und ein Lineal.

M1 *Versuchsablauf*

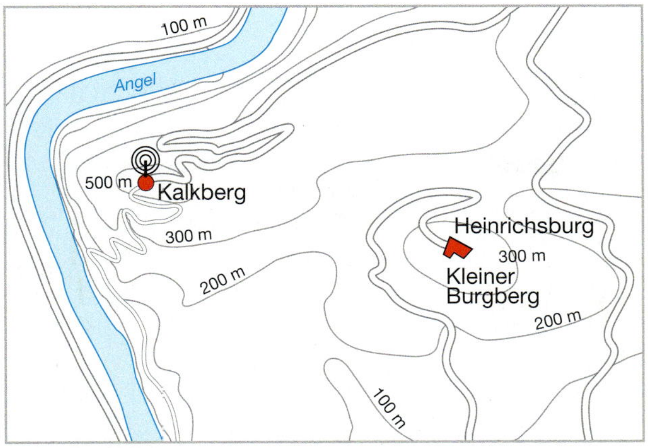

M2 *Karte ohne Höhenfarben*

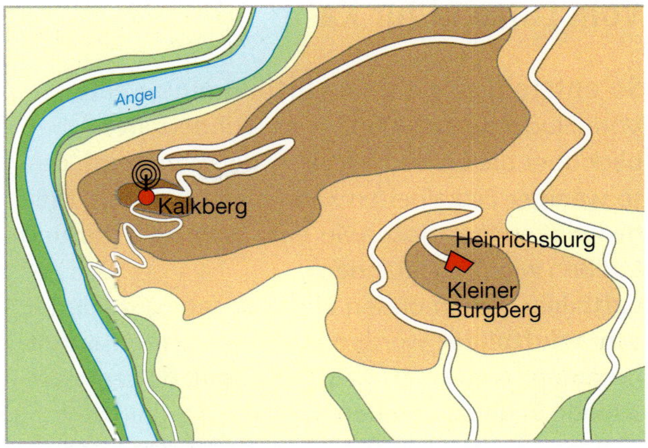

M3 *Karte mit Höhenfarben*

Vier Schritte, um einen Berg zu modellieren und eine Karte mit Höhenlinien anzufertigen

1. Zunächst wird der Berg als Modell nachgebaut (①). Aus Gips und Wasser rühren die Kinder einen Brei, der auf einer festen Unterlage zu einem etwa zwölf Zentimeter hohen Modellberg geformt wird.
2. Nach dem Aushärten kommt der Gipsberg in ein leeres Aquarium. Vorsichtig wird Wasser eingefüllt. Mit einem Lineal werden die Abstände kontrolliert (②).
3. In gleichen Abständen wird die Wasserzugabe unterbrochen, um an der Wassergrenze entlang Linien um den Berg zu zeichnen. Wenn das Wasser drei Zentimeter hoch steht, wird die erste Linie eingezeichnet. Sie ist überall von der Grundfläche gleich hoch entfernt.
   Dann wird erneut Wasser eingefüllt und im Abstand von wieder drei Zentimetern eine weitere Linie gezeichnet. Bei einer Wasserhöhe von zwölf Zentimetern schaut nur noch der Gipfel des Gipsberges aus dem Wasser. Hier entsteht die vierte Linie (③).
4. Nun wird eine Plexiglasplatte über das Aquarium gelegt. Die Kinder zeichnen die Linien auf der Platte nach. Dabei achten sie darauf, dass sie genau senkrecht von oben auf den Berg schauen (④). Die Glasplatte legen sie jetzt auf ein weißes Blatt Papier.
   Der Modellberg ist nun auf der Glasplatte so dargestellt wie ein Berg auf der Wanderkarte. Je dichter die Linien nebeneinanderliegen, desto steiler ist der Berg an dieser Stelle. Je weiter die Linien auseinanderliegen, desto flacher ist der Hang. So kann man auf der Karte Steil- und Flachhänge gut unterscheiden.
   Die Kinder haben ihren Berg gezeichnet und vergleichen ihre Skizze mit der Wanderkarte. Auch hier ist der Kalkberg mit Höhenlinien dargestellt (M2). Bei manchen Linien ist die Höhe als Zahl angegeben. Diese Höhenzahlen sagen, wie hoch die Stelle über dem Meeresspiegel liegt. Der Meeresspiegel ist mit null Metern festgelegt.
   Die Höhen können auch durch Höhenfarben dargestellt werden (M3). Die Bedeutung der Farben kann man aus der Legende ablesen (M4).

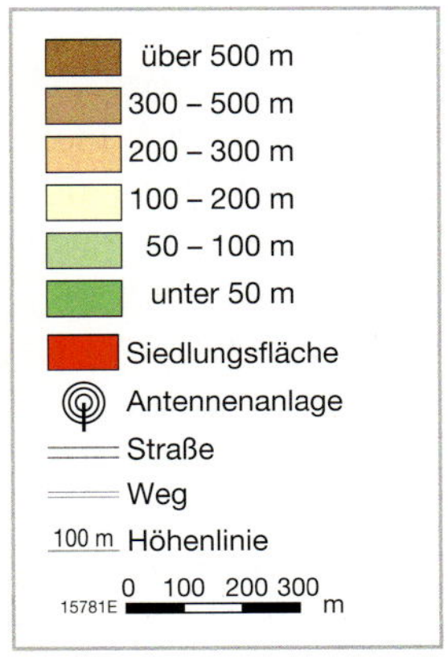

M4 *Legende zu M2/M3*

METHODE

❶ Wie hoch ist der Kalkberg und an welcher Stelle ist er am steilsten (M2)?

❷ In welcher Höhe liegt die Heinrichsburg (M2)?

❸ Auf welchen Wegen kann der Kalkberg erreicht werden? Nenne Vor- und Nachteile der Wege.

Vom Luftbild zur Karte

So entsteht aus einem Luftbild eine Karte

Vom Flugzeug hat man einen wunderbaren Überblick über die Landschaft. Je höher man steigt, desto weniger Einzelheiten kann man erkennen. Wälder wirken nur noch wie eine grüne Fläche und Straßen wie graue Bänder.

Luftbilder geben diesen Eindruck sehr gut wieder. **Schrägluftbilder** werden von schräg oben aufgenommen. Auf ihnen kann man gut Höhenunterschiede in der Landschaft sehen.

Auf **Senkrechtluftbildern** kann man das nicht erkennen. Dafür gewinnt man einen guten Überblick über das fotografierte Gebiet. Man erkennt zum Beispiel genau den Verlauf von Verkehrswegen oder die Lage von Gebäuden.

Will man jedoch mehr über das fotografierte Gebiet wissen, dann muss man eine **Karte** anschauen. Darin sind viele zusätzliche Informationen eingetragen und unwichtige Einzelheiten weggelassen. Ähnliche Gebäude werden zum Beispiel zu einer roten Fläche zusammengefasst. In der Legende der Karte wird erklärt, was die einzelnen Flächenfarben und die Kartenzeichen bedeuten. Die Kartenzeichen nennt man **Signaturen**.

M2 *Schrägluftbild der Innenstadt von Dortmund (fotografiert in Ost-West-Richtung)*

M1 *Senkrechtluftbild der Innenstadt von Dortmund*

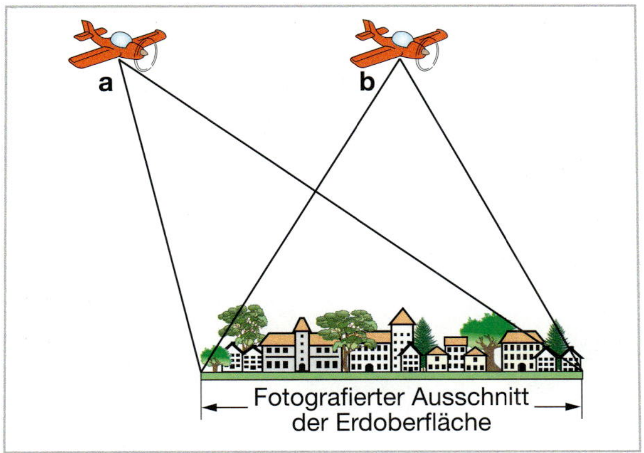

M3 *Luftbilder*

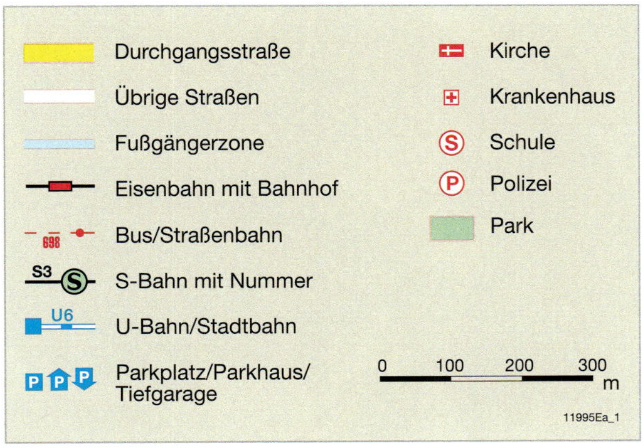

❶ Zeige auf der Karte (M4) und dann im Senkrechtluftbild (M1)
a) die St. Petri-Kirche;
b) das Stadttheater.

❷ Erstelle eine Tabelle, in die du die Unterschiede zwischen Schrägluftbild, Senkrechtluftbild und Karte einträgst.

❸ Lege ein Transparentpapier über M1 (oder kopiere M1). Male die Durchgangsstraßen, die Fußgängerzone und die Parks und Grünflächen in unterschiedlichen Farben an. Zeichne nun Signaturen für die Kirchen. Erstelle zu dieser „Karte" eine Legende.

❹ Benenne die Luftbilder a und b in M3.

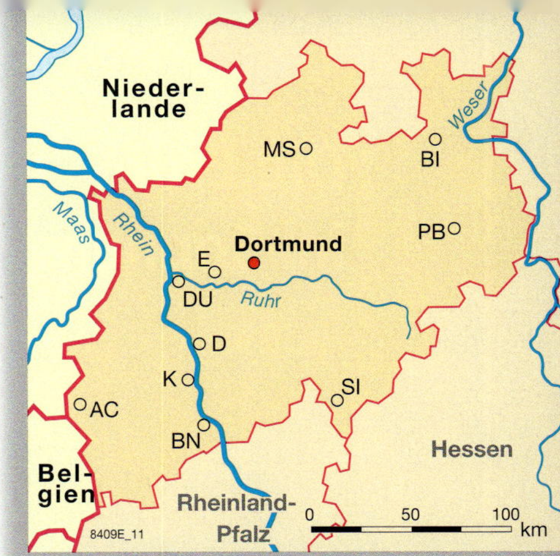

M5 *Lage von Dortmund*

❺ In der Legende zu M4 findest du auch eine Maßstabsleiste. Wie weit ist es zum Beispiel vom Westentor über die Kampstraße und den Brüderweg bis zum Schwanenwall?

Geographie –
Wir entdecken
die Welt

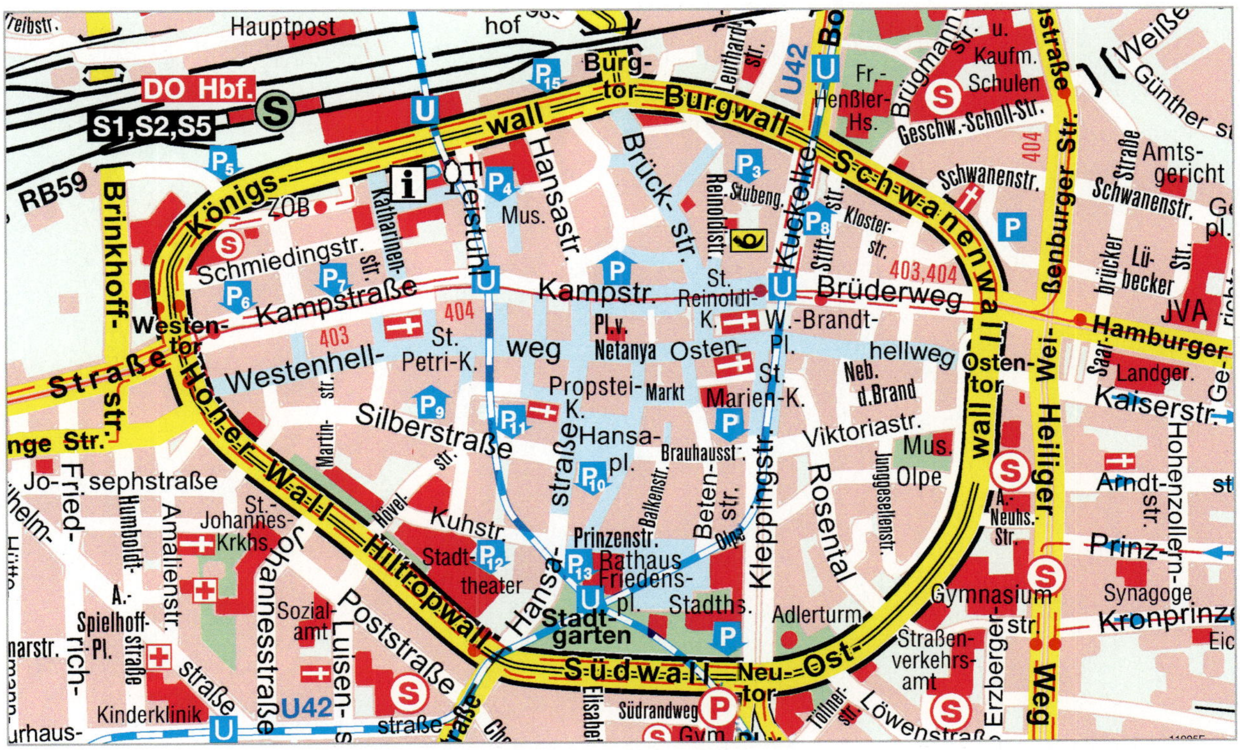

M4 *Karte mit Legende (Stadtplan der Innenstadt von Dortmund)*

Die Erde – eine Kugel im Sonnensystem

Unsere Erde in der Weite des Weltraums

Die Erde bietet alle Voraussetzungen für die Entwicklung und den Erhalt von Leben. So sind die Temperaturen auf der Erdoberfläche weder zu hoch noch zu niedrig. Ihre Lufthülle enthält ausreichend Sauerstoff.
Auch Wasser ist in großen Mengen vorhanden und die Ozonschicht schützt uns vor gefährlichen Strahlen. Damit ist die Erde einzigartig unter den insgesamt acht **Planeten**, die alle die **Sonne** auf bestimmten Bahnen umkreisen und von ihr das Licht empfangen. Die anderen Planeten weisen lebensfeindliche Bedingungen auf.
Unser Zentralgestirn, die Sonne, ist ein riesiger, glühender Gasball mit einer Oberflächentemperatur von 6000 °C. Die Sonne ist aber nur einer von mehreren Milliarden selbstleuchtender Sterne, aus denen sich unsere **Milchstraße** zusammensetzt.
Was wir am Nachthimmel als helles Band wahrnehmen, ist in Wirklichkeit ein mehrarmiger Spiralnebel aus unzähligen Sternen (M2). Damit ist aber nur ein winziger Teil des gesamten Universums beschrieben. Denn draußen im Weltraum gibt es wiederum Milliarden und Abermilliarden solcher Galaxien. Sie entfernen sich seit der Entstehung des Universums mit großer Geschwindigkeit voneinander.
Jede Galaxie besteht aus einer großen Zahl von Sternen, von denen viele wohl auch von Planeten umkreist werden.

INFO

Lichtjahre

Wenn du das Licht im Wohnzimmer anmachst, scheint es so, als wäre das Zimmer im Nu mit Licht erfüllt. Das stimmt aber nicht genau. Das Licht braucht eine winzige Zeitspanne, um von der Glühbirne aus bis zu den Wänden zu gelangen. Die Geschwindigkeit des Lichtes ist aber mit ungefähr 300 000 km in der Sekunde so groß, dass wir das nicht merken.
Bei größeren Entfernungen allerdings ist auch die Laufzeit des Lichtes länger. So braucht das Licht für die Strecke von 150 Mio. km von der Sonne bis zur Erde 8,3 Minuten. Wegen der riesigen Entfernungen im Weltall werden hier Strecken in Lichtjahren angegeben. Ein Lichtjahr ist die Strecke, die das Licht in einem Jahr zurücklegt.

Lichtjahr:	9 460 800 Mio. km
Lichtstunde:	1 080 Mio. km
Lichtminute:	18 Mio. km
Lichtsekunde:	300 000 km

Kleines Himmelslexikon

Milchstraße: eine Sternenansammlung (oder eine Galaxie) im Weltall
Stern: eine glühende Gaskugel, die ihr Licht in den Weltraum strahlt
Sonne: ein Stern unserer Milchstraße
Planet: umkreist die Sonne auf einer Umlaufbahn
Mond: ein Trabant, der einen Planeten auf einer Umlaufbahn umkreist

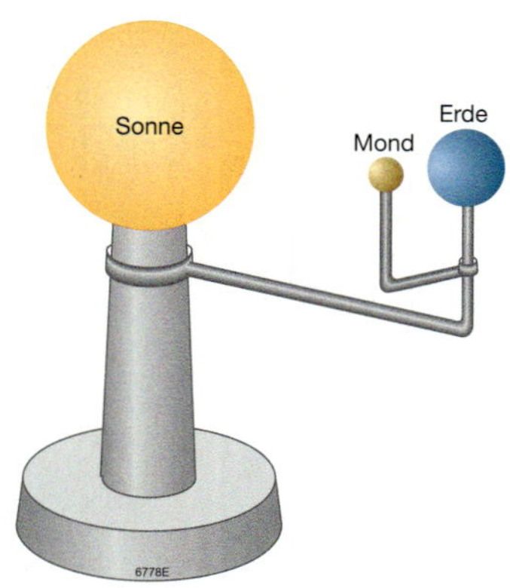

Unsere Erde ist einzigartig

M1 *Unser Sonnensystem*

M2 *Eine Galaxie wie unsere Milchstraße …*

1 Erkläre: Mond, Planet, Sonne, Stern, Milchstraße, Galaxie, Lichtjahr.

2 Beschreibe anhand von M1 – M3 und des Atlas die Lage der Erde im Weltraum.

M3 *… von der es jedoch Milliarden und Abermilliarden gibt.*

Kontinente und Ozeane

Land und Wasser

Zwei Drittel der Erde sind mit Wasser bedeckt. Wir kennen drei Ozeane (Weltmeere): den Pazifischen Ozean (Pazifik), den Atlantischen Ozean (Atlantik) und den Indischen Ozean (Indik) (M1 und M5). Besonders viel Wasserfläche erkennst du auf der **Südhalbkugel**.

Auf der **Nordhalbkugel** liegen die meisten Landflächen. Eine große Landfläche, die vom Ozean umgeben ist, nennen wir Kontinent oder Erdteil. Auf der Erde gibt es folgende Kontinente: Europa, Asien, Afrika, Amerika (aufgeteilt in Nord- und Südamerika), Australien und Antarktis. Über der Antarktis liegt aufgrund der geringen Temperaturen das ganze Jahr über eine dicke Eisschicht. Die Arktis ist übrigens kein Kontinent, da das Eis rund um den Nordpol nicht auf einer Landmasse liegt, sondern auf dem Wasser schwimmt.

Die beiden Kontinente Europa und Asien sind nicht durch ein Meer getrennt. Sie bilden zusammen die größte Landfläche mit dem Namen Eurasien. Die Grenze zwischen den beiden Kontinenten bildet das Uralgebirge.

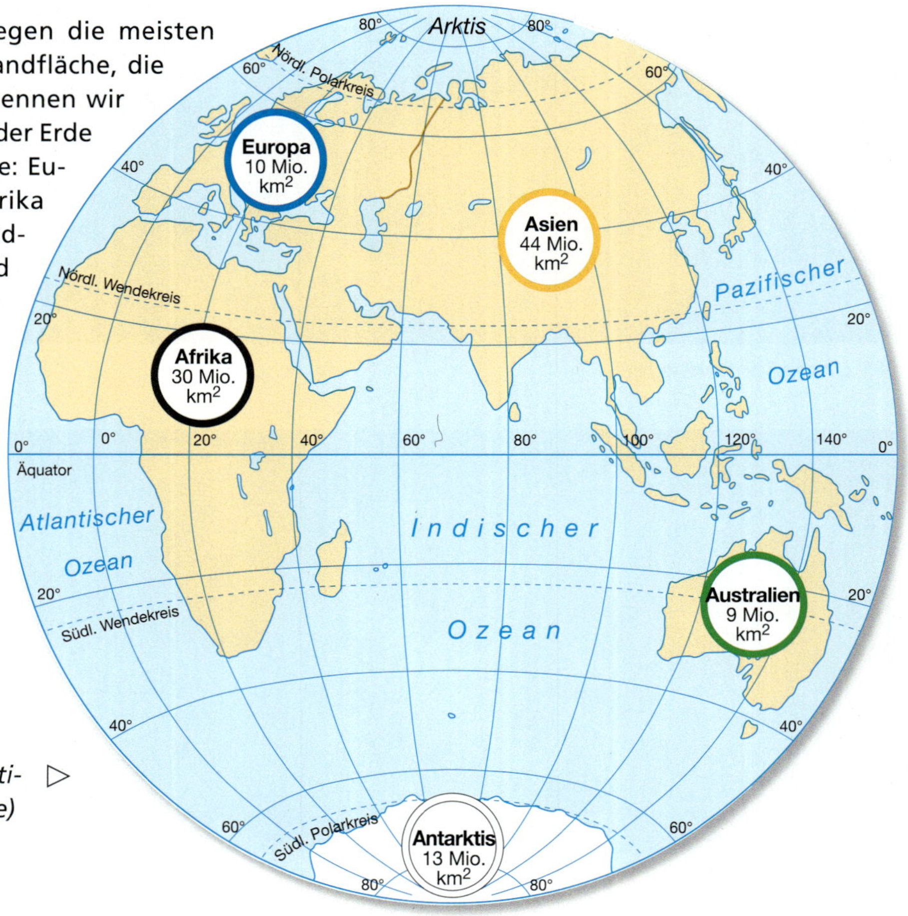

M1 *Ozeane und Kontinente (östliche Länge)* ▷

Höchstes Gebirge	Himalaya	
Höchster Berg	Mount Everest	8846 m
Tiefste Meeresstelle	Witjas-Tief	–11034 m
Tiefste Stelle an Land	am Toten Meer	–418 m
Längstes Gebirge	Kordilleren	14000 km
Längster Fluss	Nil	6671 km
Tiefster See	Baikalsee	–1637 m
Größte Insel	Grönland	2,17 Mio. km²
Größte Halbinsel	Arabien	2,7 Mio. km²
Größter See	Kaspisches Meer	371800 km²
Höchster Vulkan	Cotopaxi	5897 km

M2 *Rekorde der Erde*

M3 *Olympische Fahne mit den Symbolen der fünf bewohnten Kontinenten (Nord- und Südamerika werden zu Amerika zusammengefasst)*

M4 *Der Panamákanal trennt Nord- und Südamerika*

M5 *Ozeane und Kontinente (westliche Länge)*

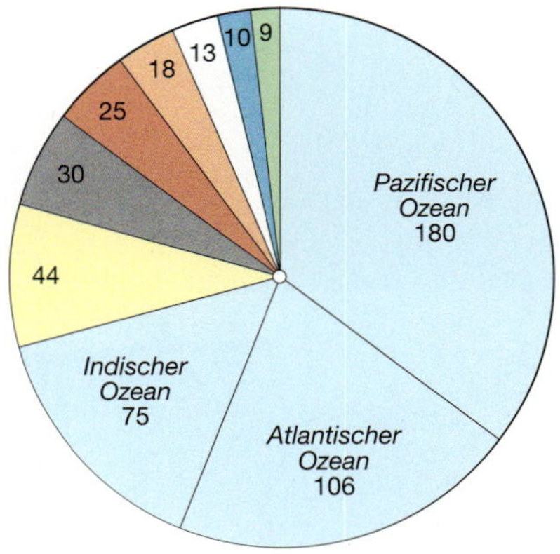

M6 *Größe der Ozeane und der Kontinente (in Mio. km²; Farben der Kontinente wie in M1 und M5)*

1 Schreibe die Kontinente und Ozeane ihrer Größe nach geordnet auf.

2 Nenne Kontinente, die nur auf der Nordhalbkugel liegen sowie die, die nur auf der Südhalbkugel liegen. Gib die Kontinente an, die sich über beide Erdhälften erstrecken.

3 Ordne die Rekorde der Erde den Kontinenten zu. Nimm den Atlas zu Hilfe.

4 Die Antarktis ist fast menschenleer. Bestimme den Kontinent, auf dem die meisten Menschen leben.

Die Gestalt der Erde

M1 *Herannahendes Schiff*

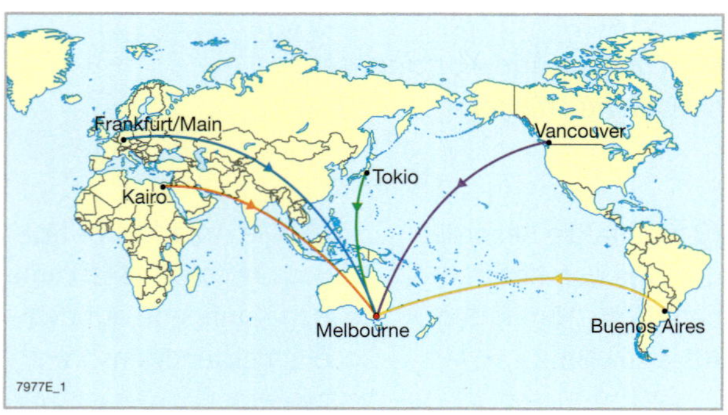

M2 *Flugrouten nach Melbourne*

Die Erde – ein Weltbild verändert sich

Die Erde wird oft in Karten oder als Modell in Form eines **Globus** dargestellt. In den Darstellungen wird die Erde durch eine Linie, den **Äquator**, in zwei Hälften geteilt.

Wenn du den kürzesten Weg von Europa nach Australien auf einer Karte und auf einem Globus absteckst, so wirst du feststellen, dass die beiden Routen nicht übereinstimmen. Das hängt mit der Form der Erde zusammen: Einmal hast du eine Ebene (Karte) und einmal eine Kugel (Globus). Welche Route ist in Wirklichkeit die kürzere? Um diese Frage zu beantworten, muss man feststellen, welche Form die Erde wirklich hat. Dies war lange ein Streitpunkt zwischen Wissenschaftlern:

- Thales von Milet (um 624 – um 546 v. Chr.), ein griechischer Gelehrter, vertrat die Ansicht, dass die Erde eine flache Scheibe sei, die wie ein Stück Holz auf Wasser schwimmt (M4 a). Unter dieser Scheibe sei die Unterwelt und über der Scheibe das Firmament (Himmelskugel).
- Der griechische Wissenschaftler Claudius Ptolemäus (um 100 – um 175 n. Chr.) beschäftigte sich mit Mathematik, Geographie, Astronomie und Philosophie. Er beobachtete herannahende Schiffe (M1) und schloss daraus, dass die Erde eine Kugel sei. Seine Annahme von der Kugelgestalt der Erde setzte sich aber erst sehr viel später durch. Bewiesen wurde sie erst durch die Weltumsegelung unter Leitung des Portugiesen Fernando Magellan (siehe S. 42/43).

M4 *Claudius Ptolemäus*

Heute wissen wir – auch durch Satellitenfotos –, dass die Erde nur ungefähr die Form einer Kugel hat. Die beiden Hälften der Erde bezeichnen wir als Nordhalbkugel und Südhalbkugel. Getrennt werden Sie durch den Äquator.

a) Weltbild des Thales von Milet

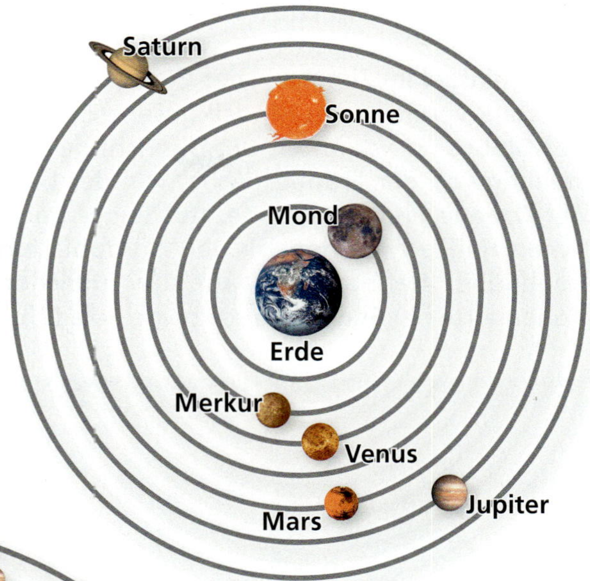

b) Weltbild des Claudius Ptolemäus

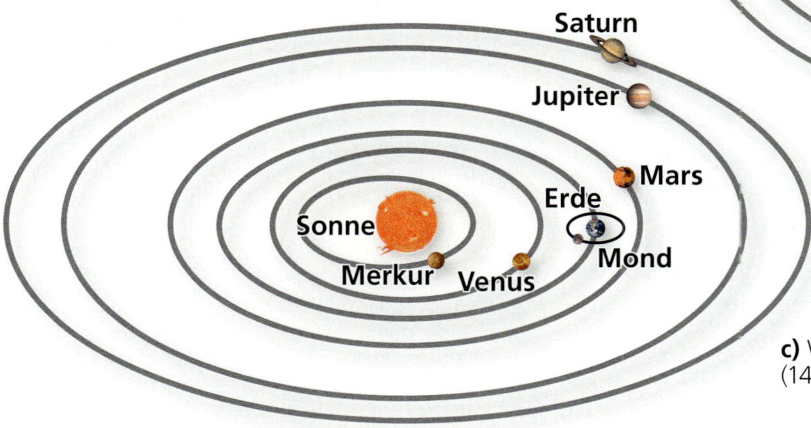

c) Weltbild des Nikolaus Kopernikus (1473 – 1543)

M4 *Weltbilder ändern sich*

1 Jedes Jahr findet in Melbourne (Australien) das Tennisturnier „Australian Open“ statt. Hier kommen Menschen aus allen Kontinenten zusammen. Aber wie kommen sie nach Melbourne?
a) Zeichne eine Skizze der Erde.
b) Markiere folgende Städte auf deiner Skizze: Melbourne, New York, Rio de Janeiro, Frankfurt/Main, Peking, Kapstadt.
c) Zeichne ausgehend von diesen Städten den kürzesten Weg nach Melbourne ein.
d) Vergleiche deine Skizze mit M2. Was fällt dir auf?

2 a) Lege den kürzesten Weg von Frankfurt/Main nach Melbourne mit einem Bindfaden auf einer Weltkarte und auf dem Globus.
b) Lege die Route auf dem Globus auf der Weltkarte nach.
c) Vergleiche die beiden Routen.

3 Beschreibe die Form der Erde.

4 Mithilfe der Abbildungen in M1 lässt sich die Gestalt der Erde begründen. Erläutere.

5 „Die kürzesten Wege sind immer gerade Linien.“ Erkläre, warum diese Aussage nur zum Teil richtig ist (M2).

6 Die interessanten Aussagen zu unserer Erde möchtest du nun deinen Mitschülerinnen und Mitschülern veranschaulichen:
a) Gestalte ein Poster zum Thema „Das Weltbild im Wandel“.
b) Erstelle dazu eine Zeitleiste.

7 Vergleiche die Weltbilder (M4).

Der Globus – ein Modell der Erde

Die Erdkugel im Zimmer – der Globus

Ein stark verkleinertes Modell unserer Erde ist der Globus. Er vermittelt uns die richtige Vorstellung von der Erdoberfläche, von der Lage der **Ozeane** und **Kontinente**. Auf seiner nördlichen Hälfte erkennen wir den Nordpol. Ihm gegenüber befindet sich auf der südlichen Kugelhälfte der **Südpol**. Durch beide Pole führt eine Achse, um die sich der Globus dreht. Diese **Erdachse** gibt es in Wirklichkeit nicht. Um diese gedachte Achse dreht sich aber unsere Erde in 24 Stunden einmal. Dabei liegt sie genauso schräg (exakt 23,5°), wie es uns der Globus zeigt. Diese Schrägstellung bezieht sich auf die Umlaufbahn der Erde um die Sonne.

M1 *Der begehbare Globus in Schloss Gottorf bei Schleswig (Original aus dem 17. Jahrhundert)*

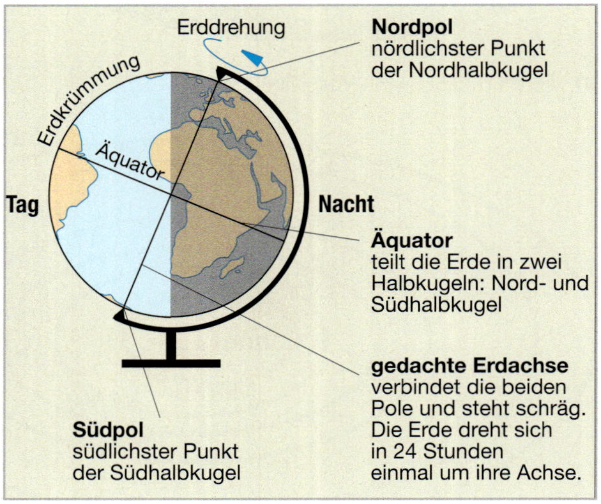

M3 *Der Globus – verkleinertes Modell der Erde*

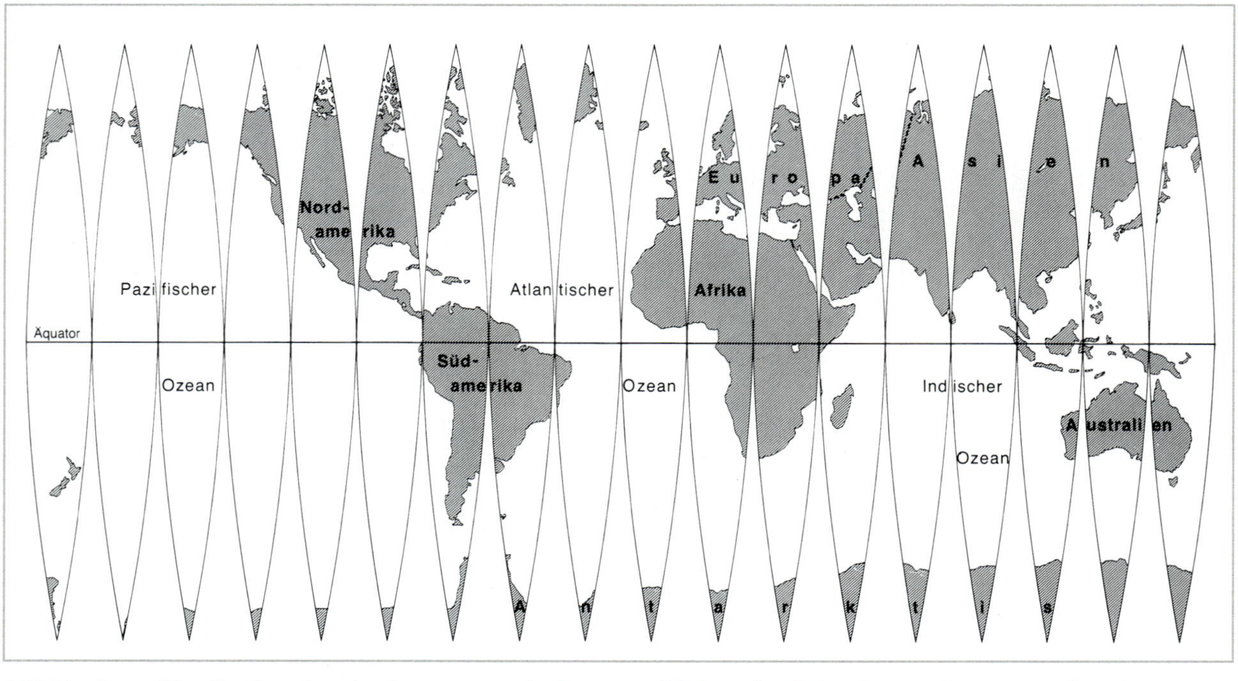

M2 *Vorlage für die Fotokopie des ausgeschnittenen Globus (auf das Doppelte vergrößern)*

In sechs Schritten einen Globus basteln

Material:
- Fotokopie des aufgeschnittenen Globus (M2)
- Kugel mit einem Durchmesser von 10 cm
- Kleber
- farbige Filzstifte oder Wachsmalstifte (wasserlöslich)
- Schere
- alter Eierbecher als Ständer für den fertigen Bastelglobus
- alte Zeitungen als Arbeitsunterlage

Anfertigung:
1. Fertige eine Kopie der Vorlage (M2) an. Sie muss auf das Doppelte vergrößert werden. Vielleicht erledigt dies deine Lehrerin oder dein Lehrer für alle Schülerinnen und Schüler deiner Klasse.
2. Lege deinen Arbeitsplatz mit alten Zeitungen aus.
3. Schneide aus der Kopie die Bastelvorlage aus. Eine ausgeschnittene Vorlage ist in M5 zu sehen.
4. Male die Kontinente und Weltmeere mit Farbstiften verschiedenfarbig aus.
5. Klebe die Bastelvorlage zunächst am Äquator mit der Kugel zusammen.
6. Klebe dann die nach oben und unten abstehenden Spitzen so auf die Kugel, dass sie oben und unten zusammenkommen und die Kugel ganz bedecken.

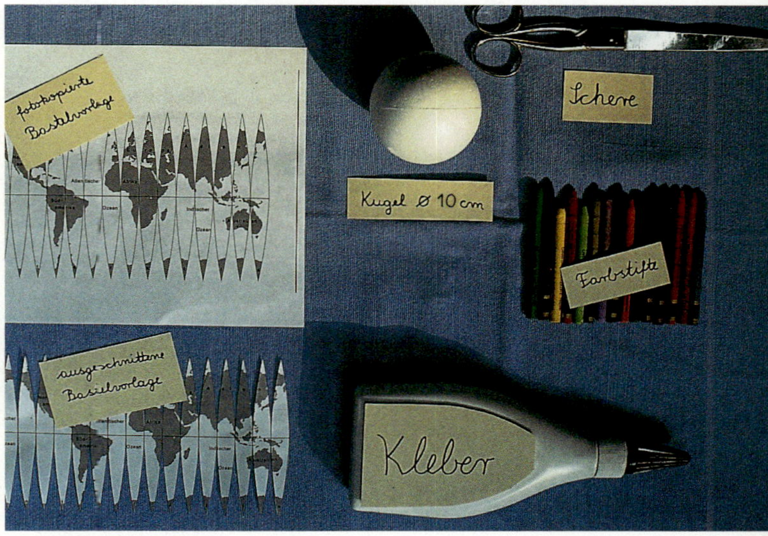

M5 *Bastelvorlagen*

M6 *Schülerinnen basteln einen Globus*

M7 *Ergebnisse der Bastelarbeit*

M4 *Der von Martin Behaim (1459–1507) gefertigte Globus ist weltweit der älteste erhaltene Globus*

1 Der Globus ist ein Abbild der Erde. Beschreibe ihn unter Verwendung folgender Begriffe: Nordpol, Südhalbkugel, Erdachse, Südpol, Nordhalbkugel und Äquator (M3).

METHODE

Orientierung auf der Erde – das Gradnetz

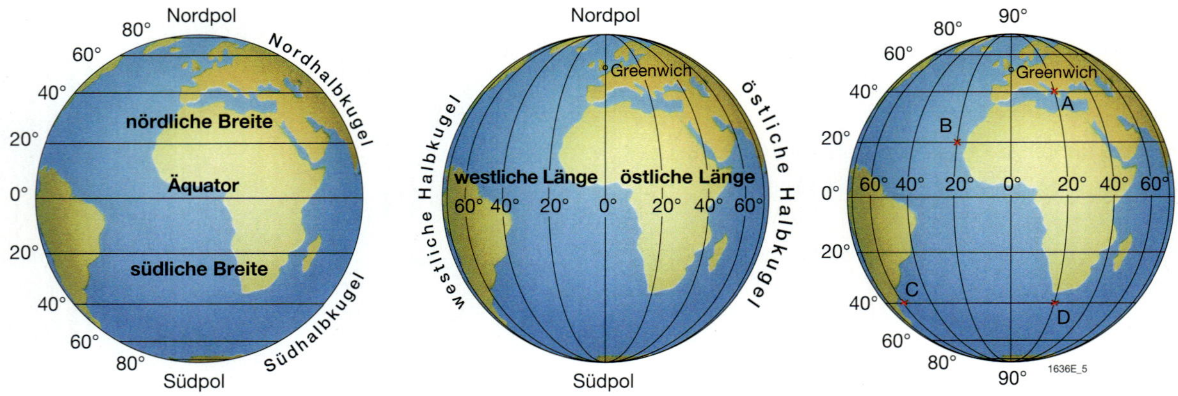

M1 *Breitenkreise – Meridiane – Gradnetz*

M2 *Das Display eines GPS-Gerätes, das die geographische Lage eines Standortes mit sehr hoher Genauigkeit bestimmt.*

M3 *Am geographischen Südpol. Hier laufen alle Meridiane zusammen.*

Das Gradnetz

Das GPS (Global Positioning System) nutzt ein erdumspannendes Netz von 24 Satelliten. Durch deren Signale kann ein GPS-Gerät seine eigene Lage auf der Erde bis auf wenige Meter genau berechnen und angeben. Das GPS-Gerät nutzt dazu das **Gradnetz** der Erde. Das ist ein Netz aus gedachten Linien, die die Erde umspannen.

Das Gradnetz wird auch auf vielen Karten und dem Globus benutzt. Die Linien, die die Erde in West-Ost-Richtung umspannen, heißen **Breitenkreise** oder Breitengrade. Der längste Breitenkreis ist der Äquator. Von ihm aus werden auf der Nord- und auf der Südhalbkugel je 90 Breitenkreise gezählt. Man muss also angeben, ob der Ort nördlich (n.Br., auch N) oder südlich (s.Br., auch S) des Äquators liegt. Die Breitenkreise werden immer kürzer, je weiter sie vom Äquator entfernt liegen. Am Nordpol und am Südpol (M3) sind sie nur Punkte.

Die Linien, die die Erde vom Nord- zum Südpol und wieder zum Nordpol umspannen, heißen **Längenkreise**. Ein halber Längenkreis zwischen Nord- und Südpol wird **Meridian** oder Längengrad genannt. Die Meridiane sind alle gleich lang. Die Zählung der Meridiane beginnt in Greenwich (Stadtteil von London). Von diesem **Nullmeridian** aus werden jeweils 180 Meridiane nach West (w.L., auch W) und Ost (ö.L., auch O) gezählt.

Um die Position eines Objektes sehr genau angeben zu können, wurden die Abstände zwischen den einzelnen Breitenkreisen und Meridianen weiter unterteilt in Minuten (') und Sekunden (''). Der Hamburger Michel liegt zum Beispiel bei 53° 32' 54'' N und 9° 58' 44'' O.

Geocaching – Julia und Manuel zeigen wie es geht

Drei Schritte, um ein Geocache zu finden

1. Julia wählt zuerst ein Gebiet aus, in dem sie auf Verstecksuche gehen möchte. Dann loggt sie sich auf der Internetseite mit ihrem Nicknamen (Name, den ein Nutzer im Internet benutzt) und ihrem Passwort ein. Auf einer Karte wählt sie ein Versteck und lädt sich die genauen Koordinaten, also die geographische Länge und Breite eines Caches, auf ihr GPS-Gerät.
2. Um die Position eines Verstecks möglichst genau anzugeben, wird der Abstand zwischen zwei Gradangaben noch in Minuten und Sekunden unterteilt. So kommen Julia und Manuel auf wenige Meter an das Versteck heran. Manchmal müssen sie zuerst ein Rätsel lösen, um an die Koordinaten zu gelangen. Diesmal finden Julia und Manuel eine Plastikdose unter einer Wurzel (M4).
3. In der gefundenen Dose befindet sich ein sogenanntes Logbuch, in das Julia dann ihren Nicknamen und das Datum einträgt. Danach legt sie die Dose wieder gut verschlossen für den nächsten „Geocacher" zurück in das Versteck.

M5 *Julia wählt im Internet einen Geocache*

INFO

Geocaching

„Geocaching" bedeutet übersetzt „Versteck auf der Erde". Es ist ein Spiel, bei dem man ein Versteck (Cache) mithilfe eines GPS-Empfängers finden oder anlegen kann. Die notwendigen Informationen über Verstecke und deren geographische Breite sowie Länge erhält man auf speziellen Internetseiten.

M4 *Mithilfe des GPS-Gerätes haben Julia und Manuel den Geocache gefunden*

1 Informiere dich im Internet über das „Geocaching".
a) Wähle im Internet (www.geocaching.de) ein Versteck in deiner Nähe aus und versuche, es zu finden.
b) Erstelle einen „Cache". Verstecke ihn und veröffentliche die Koordinaten unter www.geocaching.de.

2 Erkläre, wie das Global Positioning System (GPS) arbeitet. Nutze die Atlasseite „Vom Globus zur Karte".

METHODE

Zeitzonen – Tag und Nacht

Wenn es bei uns mittag ist, dann ...

Paul ist Sportfan. Besonders gerne schaut er Leichtathletik-Wettkämpfen zu. Weltmeisterschaften sind für ihn besonders spannend. Zurzeit schaut er besonders viel fern, denn es findet momentan eine Leichtathletik-Weltmeisterschaft in Seoul (Südkorea) statt.

Während Paul sich gerade eine Live-Übertragung von spannenden Vorkämpfen ansieht, fällt ihm etwas auf: Wenn er aus dem Fenster sieht, ist es hell. Aber die Wettkämpfe finden im Dunkeln statt.

Am folgenden Tag ist das Finale im 100 m-Lauf der Herren. Paul möchte es auf keinen Fall verpassen. Er schaut in der Zeitung nach, um zu sehen, wann das Finale stattfindet. Dort steht:

12.00 Uhr MEZ/20.00 Uhr Ortszeit – LEICHTATHLETIK-Weltmeisterschaft: 100 m, Männer, Finale

Zeitzonen

1883 haben sich viele Länder darauf geeinigt, die Erde in **Zeitzonen** einzuteilen. Das sind Gebiete auf der Erde, in denen es etwa zur gleichen Zeit Tag und Nacht ist. In jeder Zeitzone haben alle Orte dieselbe Zeit. Deutschland liegt in der Mitteleuropäischen Zeitzone (MEZ). Jede dieser Zeitzonen erstreckt sich über etwa 15 Meridiane. Der jeweilige Meridian bildet dabei die Abgrenzung zur nächsten Zeitzone. Manchmal wurde davon abgewichen, zum Beispiel, wenn Landesgrenzen in der Nähe sind. Auf dem 180. Meridian im Pazifischen Ozean hat man die Datumsgrenze festgelegt.

Die Entstehung von Tag und Nacht

Die Erde wird von der Sonne beschienen. Aber die Sonnenstrahlen treffen immer nur die Hälfte des Erdballs, die der Sonne zugewandt ist (M1, M2). Hier ist es hell. Auf der anderen Hälfte ist es dunkel, weil sie nicht von den Sonnenstrahlen getroffen wird. Wenn es in Deutschland Tag ist, herrscht auf der entgegengesetzten Seite der Erde Nacht.

Die Erde dreht sich in 24 Stunden einmal um sich selbst. Diese Bewegung der Erde nennt man **Erdrotation**. Dabei gelangt jeder Ort auf der Erde im Laufe eines Tages auf die beleuchtete Tagseite und dann auf die unbeleuchtete Nachtseite der Erde.

In vielen Kalendern kann man nachlesen, wann morgens die Sonne aufgeht und wann sie abends untergeht. Diese Angaben sind nützlich, weil an den meisten Orten auf der Erde im Laufe eines Jahres Tag und Nacht nicht gleich lang sind.

M1 *Beleuchtung der Erde durch die Sonne, wenn es in Hamburg 12 Uhr ist (5. Mai)*

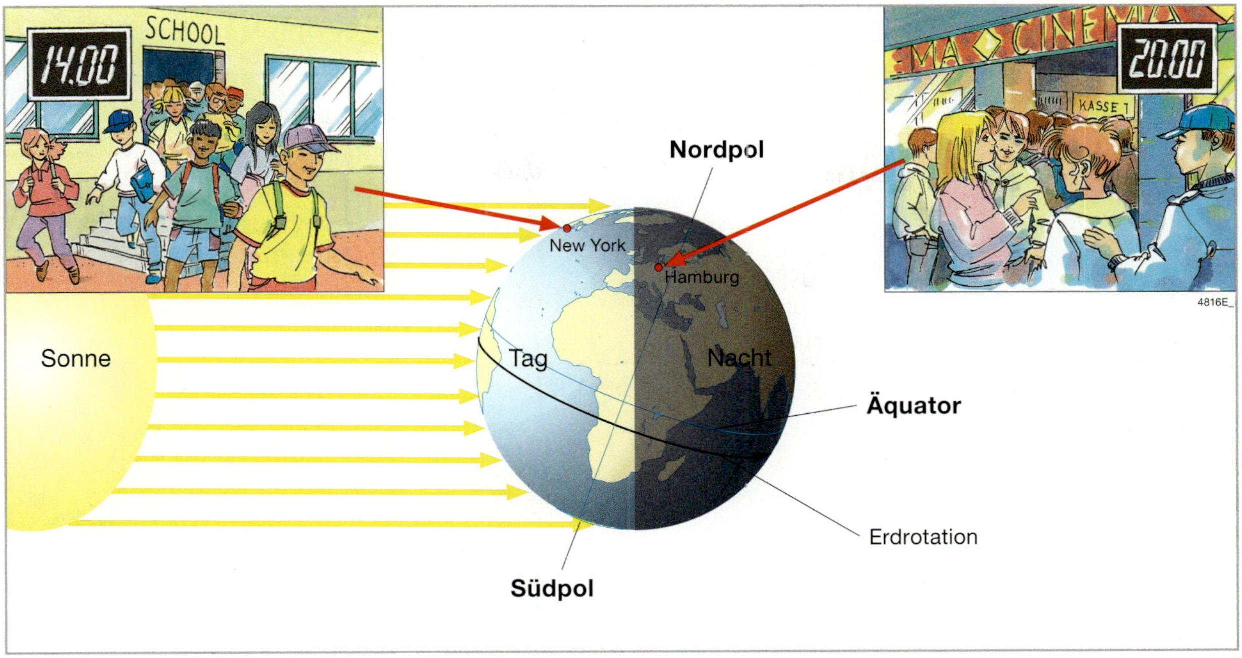

M2 *Entstehung von Tag und Nacht*

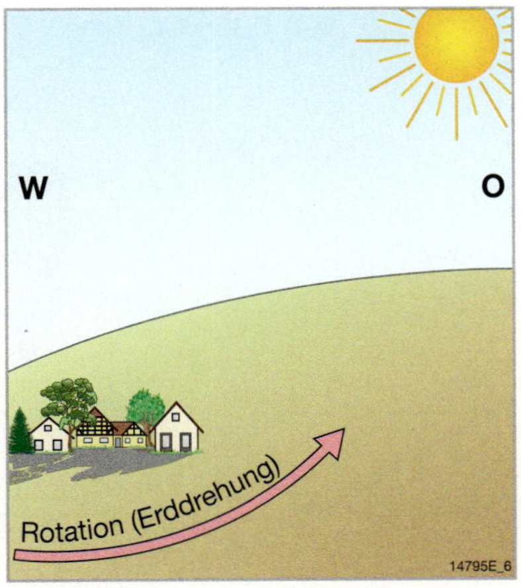

M3 *Sonnenaufgang*

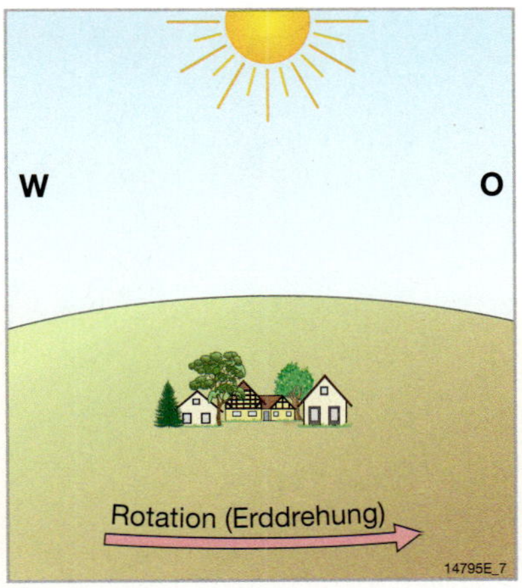

M4 *Mittags (12.00 Uhr)*

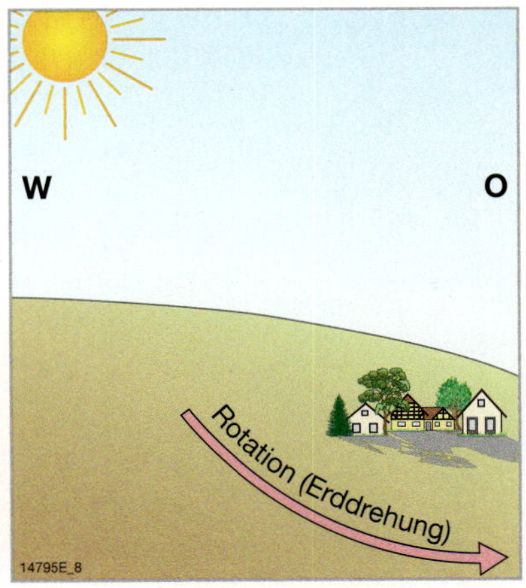

M5 *Sonnenuntergang*

1 Nenne drei Länder aus Europa und aus Afrika, die wie Deutschland zur MEZ gehören (M1, Atlas).

2 Frau Khinda arbeitet in Hamburg. Sie telefoniert geschäftlich um 15 Uhr mit einer Firma in New York. Danach muss sie noch in Tokio anrufen.
a) Berechne, wie spät es dann in New York ist (Atlas).
b) Überprüfe, wie spät es um diese Zeit in Tokio ist (Atlas).

3 Begründe mithilfe des Globus, warum es auf der Erde eine Datumsgrenze geben muss.

4 Verfolge den Verlauf des 180. Meridians (Atlas). Begründe, warum man die Datumsgrenze auf diesen Meridian festgelegt hat.

5 Erläutere die Entstehung von Tag und Nacht (M2).

6 Erkläre mithilfe von M3–M5 den Spruch in M3 auf Seite 8.

Kinder aus aller Welt

Das ist Nuuvi.
Er ist ein Inuit (früher sagte man „Eskimo") und lebt im Norden Alaskas. Am liebsten sitzt er in seinem warmen Zimmer und spielt mit seinem Computer.

Nuuvi, Josianne, Malina und noch weitere sechs Kinder aus vielen Teilen der Erde erzählen euch hier von ihrem Leben.

Das ist Josianne.
Sie lebt in Frankreich. Sie mag besonders ihre Katze Amina. Sie wohnt in einer Vorstadt von Paris.

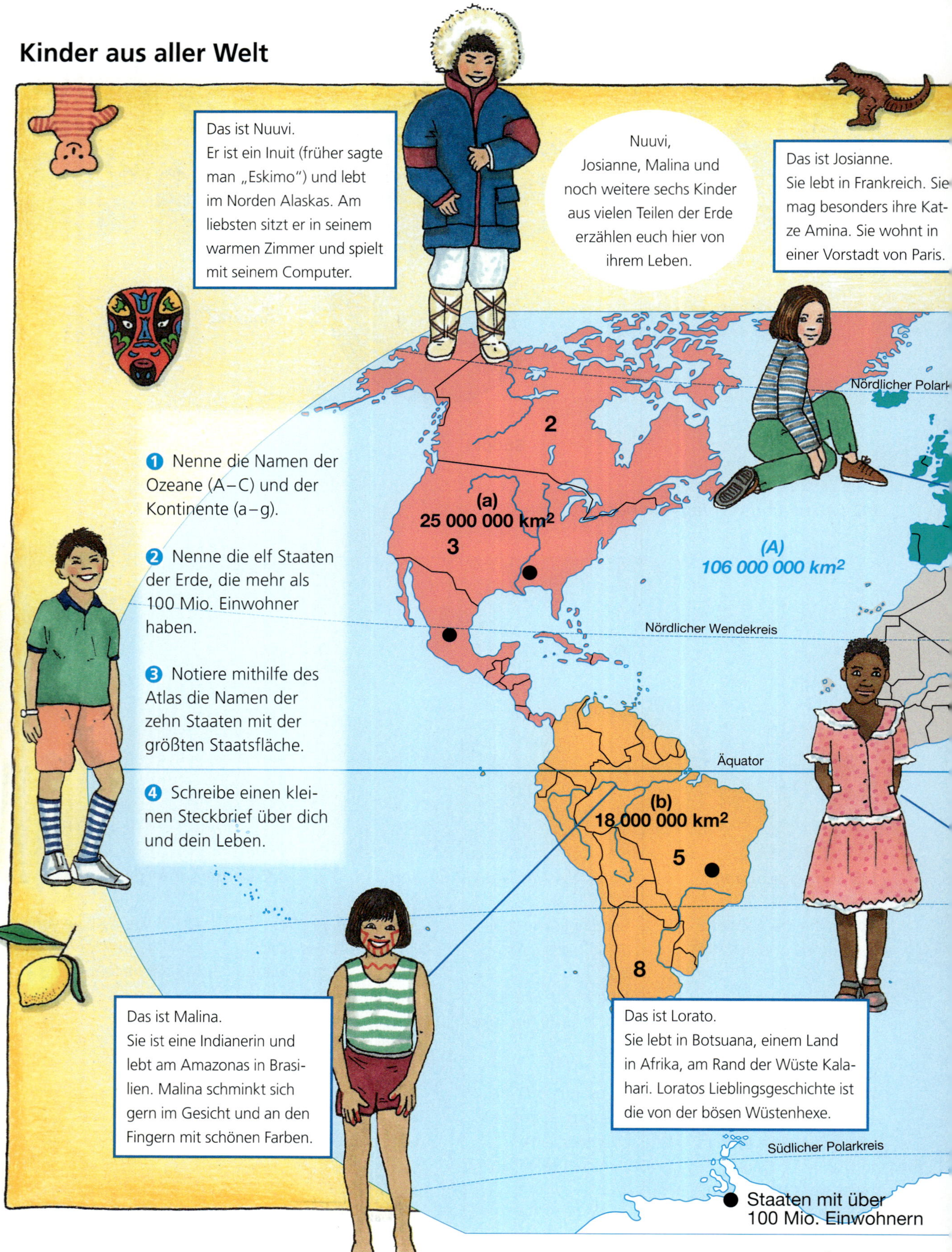

1 Nenne die Namen der Ozeane (A–C) und der Kontinente (a–g).

2 Nenne die elf Staaten der Erde, die mehr als 100 Mio. Einwohner haben.

3 Notiere mithilfe des Atlas die Namen der zehn Staaten mit der größten Staatsfläche.

4 Schreibe einen kleinen Steckbrief über dich und dein Leben.

Das ist Malina.
Sie ist eine Indianerin und lebt am Amazonas in Brasilien. Malina schminkt sich gern im Gesicht und an den Fingern mit schönen Farben.

Das ist Lorato.
Sie lebt in Botsuana, einem Land in Afrika, am Rand der Wüste Kalahari. Loratos Lieblingsgeschichte ist die von der bösen Wüstenhexe.

Das ist Matti.
Er lebt in Finnland und gehört zum Volk der Sami (früher „Lappen" genannt). In der Schule lernt er viel über das Leben seiner Vorfahren.

Das ist Konishi.
Er lebt in Japan. Er geht gern zur Schule und ist begeisterter Judo-Sportler. Außerdem hört er häufig Popmusik aus Europa.

Das ist Mai Tai.
Sie lebt in Vietnam am Rand der Großstadt Da Nang. Mit ihrem großen Bruder fährt sie oft mit dem Roller in die Innenstadt.

Das ist Zaida.
Sie lebt in Bombay (amtlicher Name: Mumbai), der größten Stadt in Indien. Ihre Religion ist der Hinduismus und sie kennt viele Geschichten von Göttern und Göttinnen.

Das ist Sirini.
Sie lebt mit ihrer Großmutter in einem Haus an der Küste in Neuseeland. Sirini gehört zum Volk der Maori.

Eine Weltkarte zeichnen

Die Karte „Tiere der Erde" – ein „Klassenschmuck"

Ihr sollt selbst eine Karte wie in M1 anfertigen, allerdings so groß, dass sie als Plakat aufgehängt werden kann.

Wenn ihr wisst, wie es geht, könnt ihr auch später Themen, die im Unterricht behandelt werden, in einer solchen Karte veranschaulichen.

Material, das ihr braucht:

- Tageslichtprojektor
- Weltkarte im Atlas zum Durchpausen
- Folie
- einen wasserlöslichen Folienstift zum Zeichnen der Karte auf Folie
- helle Pappe oder ein Stück Tapetenrolle (etwa 80 x 60 cm)
- Klebestreifen zum Befestigen der Pappe an der Wand oder an der Tafel
- schwarze Filzstifte zum Nachzeichnen der Weltkarte
- farbige Filzstifte zum Einzeichnen der Tiere

Fünf Schritte zum Zeichnen einer Karte

1. Anfertigung der Folie
Übertragt eine Weltkarte im Atlas auf die Folie. Zeichnet die Umrisse der Kontinente nur grob nach.

2. Befestigen der Pappe
Befestigt helle Pappe mit Klebestreifen an der Wand oder an der Tafel.

3. Übertragung der Karte
Legt die Folie auf den Tageslicht-Projektor und bildet die Karte auf der Pappe ab.
Zeichnet die Umrisse der Kontinente mit einem schwarzen Filzstift nach.

4. Einfärben der Flächen
Färbt die Flächen für die Ozeane und Meere hellblau ein.

5. Eintragen von Informationen
Zeichnet nun die „Tiere der Erde" ein und beschriftet sie.

Besonderheiten auf der Erde

Jeder Kontinent hat Besonderheiten. Es gibt zum Beispiel unterschiedliche Landschaften, Pflanzen und Tiere, berühmte Bauwerke und andere Sehenswürdigkeiten. Menschen kleiden sich unterschiedlich und essen verschiedene Speisen. Es gibt viele Lebensweisen und Kulturen.

Zu jedem dieser Themen kann man eine Weltkarte zeichnen.

Hier soll es um eine Karte gehen, in der ihr veranschaulicht, wo verschiedene Tiere leben. Ergänzen könnt ihr diese Informationen durch Angaben über die Lebensbedingungen der Tiere.

TIPP

Zeichnet die „Tiere der Erde" nicht direkt in die Karte, sondern auf Papier und schneidet sie aus. Steckt sie dann mit Pinn-Nadeln auf die Karte. So könnt ihr die Weltkarte auch noch für andere Themen im Unterricht verwenden.

M1 *Der Trick mit dem Tageslichtprojektor*

M2 *Tiere aus verschiedenen Kontinenten*

1 a) Informiere dich, wo die in M2 abgebildeten Tiere ursprünglich herkommen (Lexikon, Internet).

b) Fertigt kleine Zeichnungen der Tieren an und tragt die Herkunftsorte dieser und weiterer Tiere in die Weltkarte ein.

2 a) Stellt Informationen über die Lebensweise der Tiere zusammen.

b) Beschriftet mit diesen Angaben die Tierzeichnungen.

Entdeckungsgeschichte der Erde

M1 *Weltkarte aus dem 2. Jahrhundert n. Chr.*

Kolumbus und Magellan auf Entdeckungsfahrt

Seide aus China, Pfeffer und andere Gewürze aus Indien waren im Mittelalter und der frühen Neuzeit eine besonders wertvolle Handelsware. Ein Teil des Reiseweges der Handelskarawanen führte in östlicher Richtung über Land. Dort wurden sie oft überfallen. Der spanische König beauftragte deshalb den Seefahrer Christoph Kolumbus, einen sicheren Seeweg nach Indien zu finden. Kolumbus beschloss, den Seeweg in westlicher Richtung zu suchen. Kolumbus war von der Kugelgestalt der Erde überzeugt und ging von einem wesentlich kleineren Erdumfang aus. Als nach zwei Monaten Fahrt im Oktober 1492 Land in Sicht kam, dachte Kolumbus, dass dies die Küste Indiens sei. Aufgrund dieses Irrtums wurden die Ureinwohner Amerikas als Indianer bezeichnet.

Auch Fernando Magellan (M4) wurde vom spanischen König beauftragt, kostbare Gewürze von den Molukken (M5) zu holen. Auch er segelte über den Atlantik. Im Jahr 1520 entdeckte er die Durchfahrt zwischen dem südamerikanischen Festland und Feuerland in den Pazifik. Sie trägt seitdem seinen Namen: Magellanstraße. Nach drei Jahren kam eines der fünf Schiffe wieder in Spanien an. Es hatte die ganze Welt umsegelt. Doch Magellan erlebte das Ende seiner ersten Weltumseglung (1522) nicht. Er starb 1521 auf den Philippinen im Kampf mit Einheimischen.

M2 *Gewürze, die Magellans Mannschaft aus Asien mitbrachte*

In vielen Teilen Europas ernährte man sich noch um 1500 äußerst eintönig. Die Menschen aßen wenig Gemüse und Salat. Stattdessen verzehrten sie Getreidebrei, Brot und sehr viel Fleisch. Das Fleisch wurde mit Salz gepökelt, um es haltbar zu machen. Pökelfleisch schmeckte fad und war häufig zäh. Um es genießbar zu machen, brauchte man Gewürze – und zwar Gewürze, die in unserem Klima nicht gedeihen, sondern zum Beispiel in Indien. Vanille, Pfeffer, Muskatnuss und Gewürznelken waren damals wertvoll und teuer. Eine Muskatnuss soll in Venedig einmal mit Gold aufgewogen worden sein.

(Nach: Piper, N: Geschichte der Wirtschaft. Weinheim/Basel 2005, S. 63)

M3 *Gewürzhandel im Mittelalter*

M4 *Fernando Magellan*

1 Vergleiche die Weltkarte (M1) mit einer aktuellen Weltkarte (Atlas).
a) Benenne Gemeinsamkeiten und Unterschiede.
b) Stelle Vermutungen an, wie es zu den Unterschieden kommt.

2 a) Informiere dich im Internet über Gewürze. Benenne die Gewürze a)–e) in M2.
b) Benenne ihre Herkunftsländer.
c) Lokalisiere die Länder auf der Weltkarte.

3 Erkläre, warum Gewürze im Mittelalter so kostbar waren.

4 Beschreibe mithilfe von M5 die Wege der Entdeckungsfahrten von:
a) Christoph Kolumbus,
b) Fernando Magellan.

5 Erstellt ein Poster über einen Entdecker: z.B. Fernando Magellan, James Cook, Vasco da Gama, Amerigo Vespucci, Christoph Kolumbus, Alexander von Humboldt, David Livingstone, Roald Amundsen, ...
Mögliche Fragen, die euch helfen sollen: Welche Gebiete erforschte er? Was erlebte er dabei? Welche neuen Dinge hat er kennengelernt und mit nach Europa gebracht?

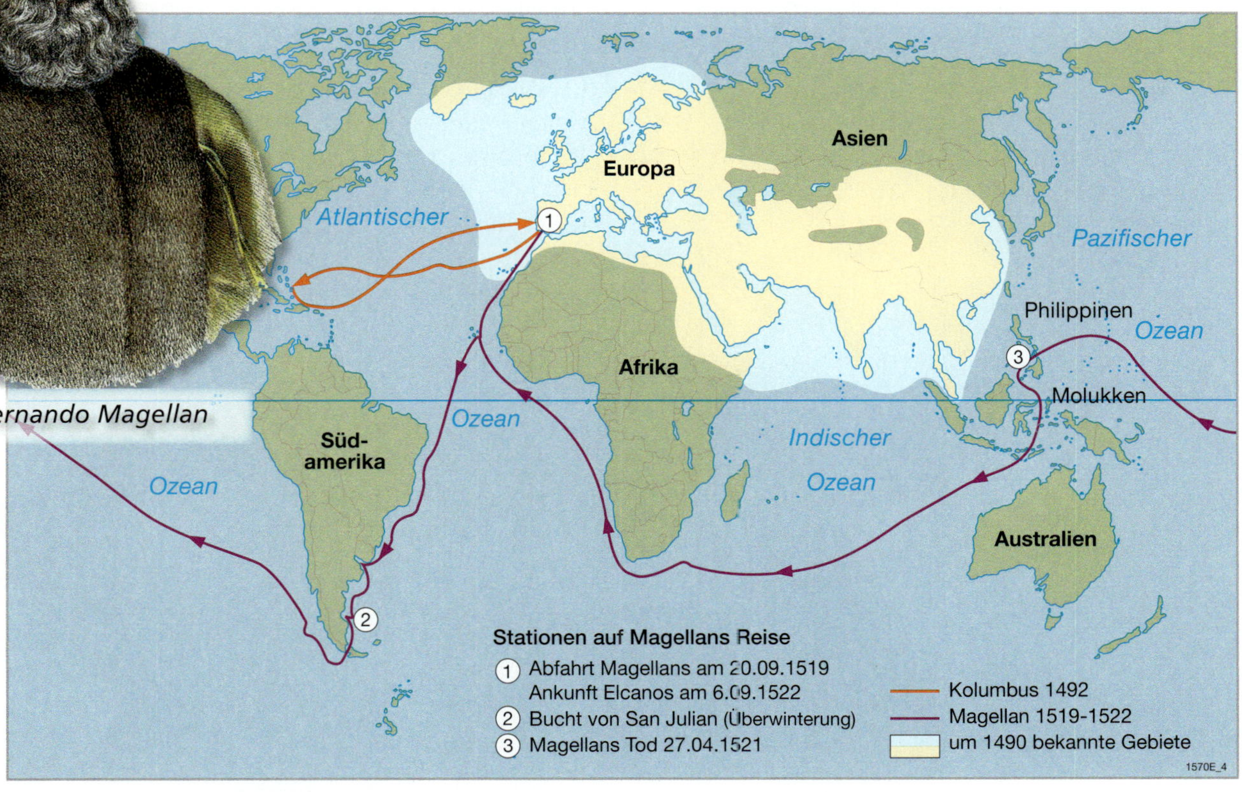

M5 Reiserouten von Magellan und Kolumbus

15076E

Orientierung in Deutschland

Großlandschaften in Deutschland

M1 *Norddeutsches Tiefland*

M3 *Mittelgebirge*

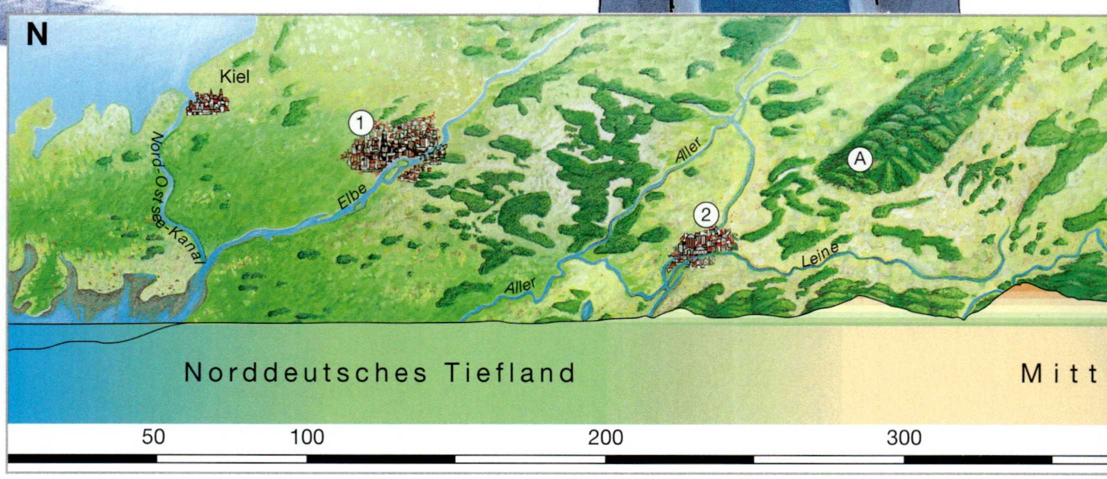

M2 *Von der Küste bis zu den Alpen – ein Landschaftsquerschnitt*

M4 *Alpenvorland und Alpen*

M5 *Die Großlandschaften im Überblick*

❶ Ordne den Großlandschaften Deutschlands folgende Städte zu: Flensburg, Hamburg, Potsdam, Mainz, Dortmund, Stuttgart, Chemnitz und München (Atlas, Karte: Deutschland – physisch).

❷ Bestimme in M2 die gesuchten Städte (1 – 3) und Gebirge (A, B).

❸ Bestimme die größte Ausdehnung Deutschlands von Nord nach Süd und Ost nach West

Von der Ostsee zu den Alpen

Würden wir mit einem Flugzeug von Norden nach Süden über Deutschland fliegen, könnten wir ganz verschiedene Landschaften beobachten. Wie die Menschen in den einzelnen Teilen Deutschlands leben, wäre jedoch nicht zu erkennen. Dazu wollen wir Sven, Juliane und Oliver befragen. Sven lebt mit seinen Eltern an der Ostseeküste, in einem Haus

direkt hinter den Dünen. Sein Vater ist Fischer und seine Mutter arbeitet in einem Hotel. Sven läuft in seiner Freizeit gern mit seinem Hund am Meer entlang und genießt die klare Seeluft. Dabei begleiten sie die zahlreichen Möwen mit lautem Geschrei.

Juliane geht in ihrer Freizeit oft mit ihren Eltern im Thüringer Wald spazieren. Ein ganz besonderer Wanderweg ist der Rennsteig. Er ist 168 km lang und führt von Hörschel bei Eisenach bis nach Blankenstein im nördlichen Frankenwald. Ihr Vater ist Trainer in einem Skiverein in Oberhof. Im Sommer trainieren die Sportler auf Skiern, die auf Rollen fahren. Ihre Mutter arbeitet in Erfurt in einem Hotel.

Der Letzte, den wir auf unserer Reise treffen, ist Oliver. Er begrüßt uns in Garmisch-Partenkirchen. Seine Eltern arbeiten beide bei der Zugspitzbahn. Jedes Jahr besuchen Hunderttausende Touristen Deutschlands höchsten Berg mit dieser Bahn. Oliver erzählt uns, dass vor allem im Winter sehr viele Besucher kommen. Dann hilft er seinen Eltern beim Verkauf der Bahntickets oder fährt mit seinem Snowboard die Piste hinab.

Das Norddeutsche Tiefland ist ein relativ flaches Gebiet mit geringen Höhenunterschieden. Die Erhebungen erreichen eine Höhe von bis zu 200 m.

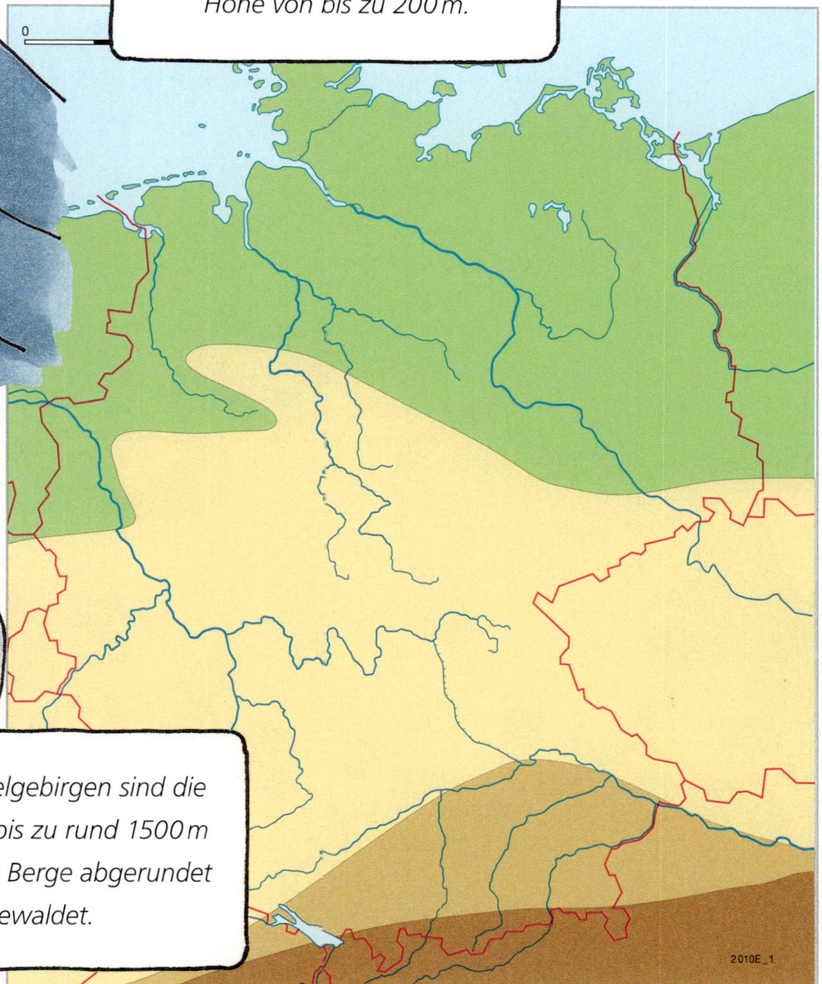

In den deutschen Mittelgebirgen sind die höchsten Erhebungen bis zu rund 1500 m hoch. Meistens sind die Berge abgerundet und häufig bewaldet.

Das Alpenvorland weist nur geringe Höhenunterschiede auf. Südlich der Donau ist es 300 m hoch und bis zu den Alpen auf rund 800 m ansteigend. Die Alpen zählen zu den Hochgebirgen. Diese haben hohe Felswände, steil aufragende Gipfel und tief eingeschnittene Täler. Die höchsten Gipfel sind ständig mit Eis und Schnee bedeckt.

1. Welche Regionen Deutschlands hast du schon besucht? Zeige sie auf der Karte und berichte darüber.

2. Notiere in deinen Ordner die wesentlichen Merkmale der Großlandschaften Deutschlands.

Deutschland – Übungskarte

M1 *Übungskarte Deutschland*

Eine Kartenskizze zeichnen

Sechs Schritte zum Zeichnen einer Kartenskizze

1. Zeichne zuerst den groben Umriss des Raumes, zum Beispiel die Grenzen Deutschlands. Gerade Hilfslinien erleichtern die Arbeit.
2. Lege nun eine Auswahl von Gebirgen, Städten, Flüssen fest. Zeichne sie ein.
3. Beschrifte anschließend alle eingezeichneten Gebirge, Flüsse und Städte mit Zahlen oder mit Buchstaben.
4. Erstelle dann zu den Buchstaben und Zahlen eine Namensliste.
5. Durch Farben lassen sich die Eintragungen hervorheben: zum Beispiel Gebirge braun, Tiefland grün, Alpenvorland hellbraun und übriges Land gelb ausmalen; Städte als rote Punkte markieren usw.
6. Lege eine Legende an und gib der Skizze eine Unterschrift.

Das brauchst du zum Zeichnen:

- 6 Buntstifte (in Grün, Gelb, Hellbraun, Dunkelbraun, Rot und Blau)
- ein Bleistift (Härte 2)
- ein Radiergummi
- ein Lineal oder Geodreieck

M3 *Handwerkszeug für eine schöne Kartenskizze*

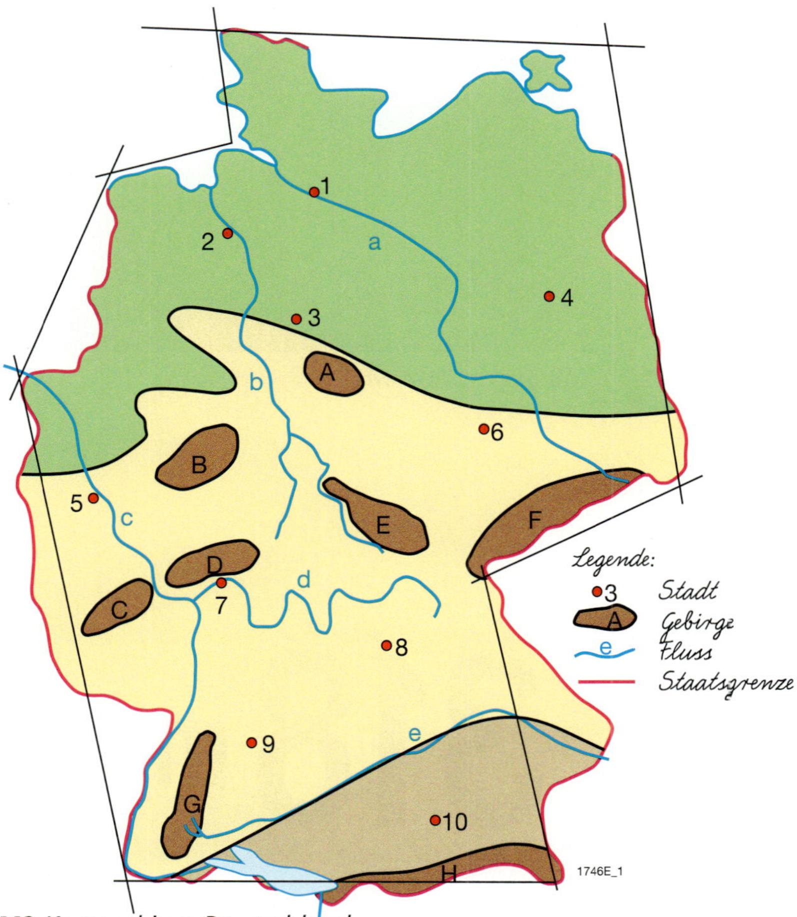

M2 *Kartenskizze Deutschland*

INFO

Eine **Kartenskizze** ist die einfache Darstellung eines Raumes (Ort, Region, Land, Kontinent). Sie beinhaltet nur wenige Informationen.

❶ Finde die Namen in der Übungskarte M1 (Atlas).

❷ Nimm ein DIN-A4-Blatt und zeichne wie in M2 eine Kartenskizze von Deutschland, nur größer. Zeichne in deine Skizze Folgendes ein:

- Flüsse: Rhein, Donau, Elbe
- Gebirge: Harz, Erzgebirge, Thüringer Wald, Schwarzwald, Alpen
- Städte: Hamburg, Berlin, Leipzig, Frankfurt/Main, Köln, Bremen, Hannover, München, Stuttgart, Nürnberg

Wir zeichnen ein Höhenprofil anhand einer Wanderkarte

M1 *Blick auf den Wank vom Olympiastadion in Garmisch-Partenkirchen*

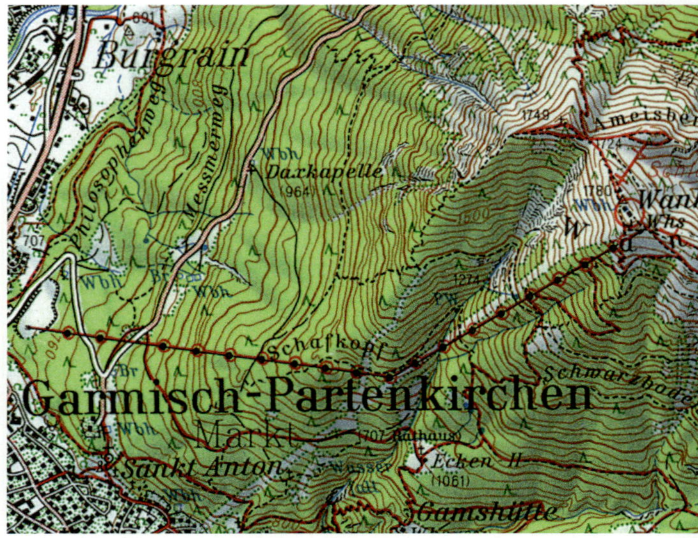

M2 *Topographische Karte*

M3 *Blick vom Wank*

M4 *Höhenangabe am Bahnhof*

Hoch hinauf

Garmisch-Partenkirchen ist einer der bekanntesten Urlaubsorte in den Alpen. Der Ort hat etwa 26000 Einwohner und liegt am Fuß von Deutschlands höchstem Berg, der Zugspitze.
Die Schülerinnen und Schüler der 5. Klasse eines ortsansässigen Gymnasiums wollen den Wank, einen Berg in Schulnähe, während eines Wandertages besteigen. Wie steil ist wohl der Anstieg? Dazu nehmen sie eine Wanderkarte und zeichnen ein Höhenprofil, also eine Linie, die Anstieg oder Gefälle entlang der Messstrecke anzeigt.

INFO

Profil
In der Geographie versteht man unter einem Profil einen Schnitt durch ein Stück der Erdkruste. Neben den Höhen können weitere Informationen enthalten sein, zum Beispiel Pflanzenwuchs oder Gesteinsschichten.

Normalnull (NN)
Hierunter versteht man die auf die Höhe des Meeresspiegels bezogene Basis für die Höhenmessung in Deutschland; 150 m über NN bedeutet also, dass der Punkt 150 m über dem Niveau des Meeresspiegels liegt (m ü. M.).

Höhenverhältnisse

In vielen Karten findest du Angaben über die Höhenverhältnisse der Landschaft. Sie beziehen sich alle auf den Meeresspiegel (0 Meter), der als Normal Null (NN) bezeichnet wird. Für Europa ist das der mittlere Pegel von Amsterdam, gemessen am Fluss IJ.

Mit Punkten oder kleinen Dreiecken und Höhenzahlen werden besonders herausragende Stellen, zum Beispiel Berggipfel, gekennzeichnet.

Die Höhenlinien geben dir einen Eindruck von der Form des Geländes. Mit ihrer Hilfe kannst du dir die dreidimensionale Gestalt einer Landschaft – das Relief – besser vorstellen. Anschaulich wird das Relief, wenn du aus den Höhenlinien ein Modell (siehe S. 20 – 21) oder ein Profil erstellst.

Sechs Schritte zum Erstellen einer Profilskizze

1. Nimm ein Blatt Millimeterpapier und zeichne eine senkrechte Achse für die Höhe der Landschaft ein.
2. Wähle dazu den passenden Maßstab, zum Beispiel 1 cm für 100 m Höhenunterschied.
3. Zeichne eine waagerechte Achse für die Entfernung (in M5 von A nach B). Sie muss der Maßstabsleiste der Karte entsprechen. In unserem Beispiel sind es 2 cm für 500 m.
4. Schiebe das Millimeterpapier direkt an die Strecke auf der Wanderkarte. Sie entspricht der Wanderstrecke (A–B).
5. Suche nun die Schnittpunkte der Wanderstrecke mit den Höhenlinien. Trage diese Punkte und die Endpunkte A und B senkrecht darunter in der jeweiligen Höhe auf dem Millimeterpapier ein.
6. Verbinde die einzelnen Punkte mit Linien zum Profil. Es zeigt dir anschaulich den Geländeanstieg.

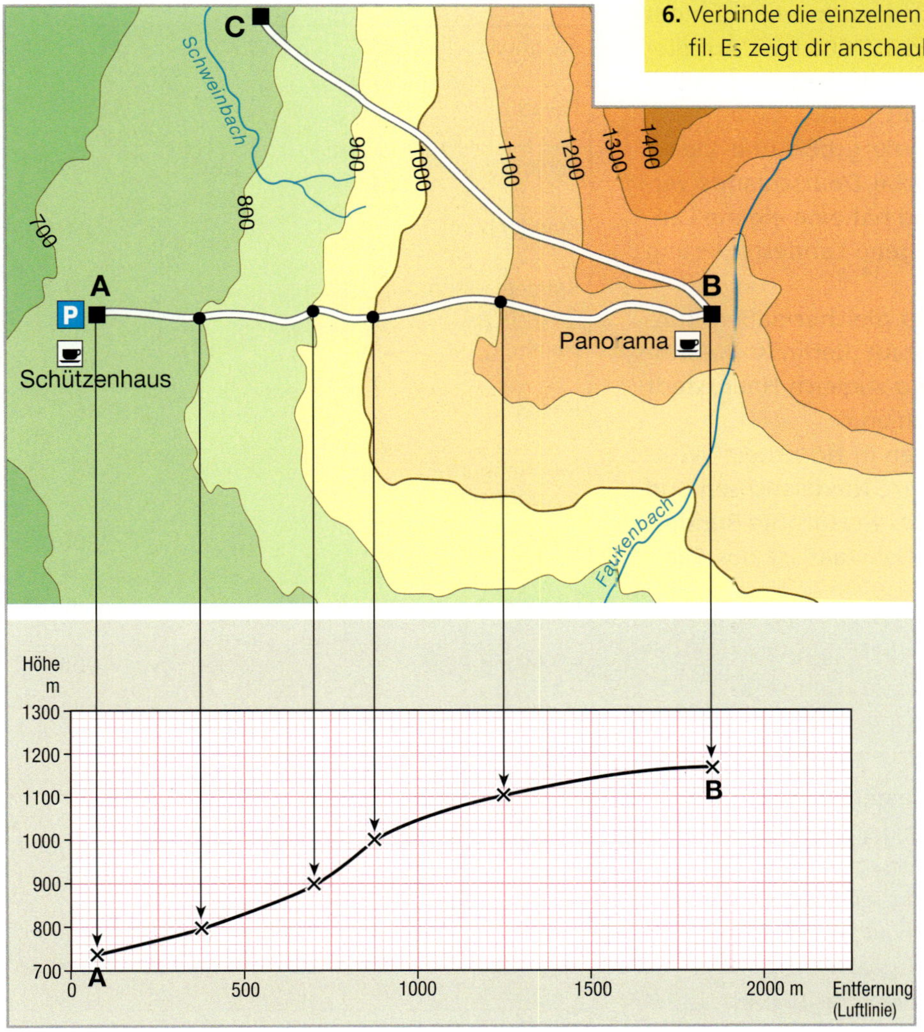

M5 *Ausschnitt aus der Wanderkarte (oben), Profil auf Millimeterpapier (unten)*

1 Zeichne selbst ein Profil für die Strecke C – B in M5. Welcher Weg ist steiler: A – B oder C – B?

2 Besorge dir eine Wanderkarte (topographische Karte), auf der der Wildpark Schwarze Berge und der Kiekeberg eingezeichnet sind. Nutze die neugewonnenen Fertigkeiten und erstelle ein Profil, das die beiden Punkte miteinander verbindet.

Die Länder Deutschlands

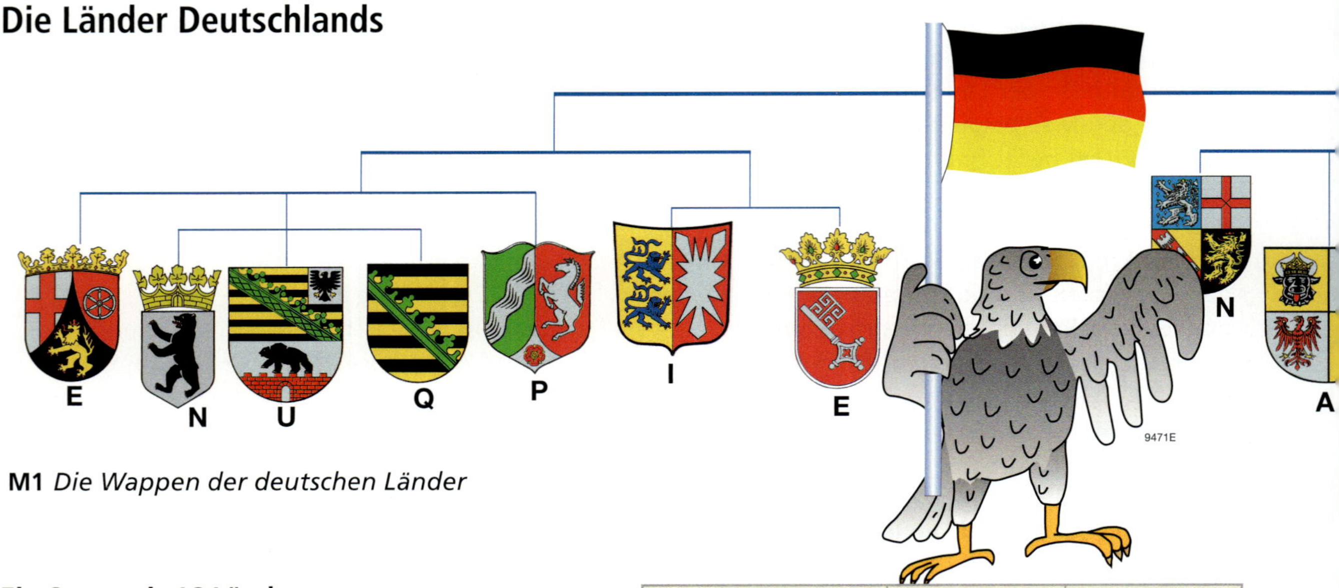

M1 *Die Wappen der deutschen Länder*

Ein Staat mit 16 Ländern

Die Bundesrepublik Deutschland ist ein Staat mit einer Staatsfläche von rund 357 000 km². Auf dieser Fläche liegen 16 unterschiedlich große **Bundesländer** (auch Länder genannt).

Die Bundesländer liegen wie große und kleine Puzzlestücke über der Fläche Deutschlands verteilt (M3). Jedes Bundesland hat eine eigene Landeshauptstadt und eine eigene Landesregierung sowie ein Landeswappen.

Hamburg und Bremen sind gleichermaßen Bundesland und Landeshauptstadt. Berlin ist Bundesland, Landeshauptstadt und zugleich Hauptstadt der Bundesrepublik Deutschland.

Die meisten Menschen leben in Nordrhein-Westfalen, obwohl es nach Bayern, Niedersachsen und Baden-Württemberg nur das viertgrößte Bundesland ist. Der kleinste Flächenstaat ist das Saarland.

INFO

Flächenstaaten und Stadtstaaten

Die 16 Länder Deutschlands sind unterschiedlich groß. 13 Länder bezeichnet man als Flächenstaaten mit einer größeren Landesfläche, einer eigenen Landeshauptstadt und vielen anderen Städten.
Weiterhin gibt es die drei Stadtstaaten Berlin, Hamburg und Bremen mit Bremerhaven. Sie sind jeweils Stadt und Bundesland zugleich.

Land (Bundesland)	Fläche in km²	Einwohner
Baden-Württemberg	35 800	10 700 000
Bayern	70 600	12 500 000
Berlin	890	3 400 000
Brandenburg	29 100	2 500 000
Bremen	400	700 000
Hamburg	760	1 800 000
Hessen	21 100	6 100 000
Mecklenburg-Vorpommern	23 600	1 600 000
Niedersachsen	47 400	7 900 000
Nordrhein-Westfalen	34 100	17 800 000
Rheinland-Pfalz	19 800	4 000 000
Saarland	2 600	1 000 000
Sachsen	18 300	4 100 000
Sachsen-Anhalt	20 400	2 300 000
Schleswig-Holstein	15 700	2 800 000
Thüringen	16 300	2 200 000

M2 *Größe und Einwohner der Länder Deutschlands*

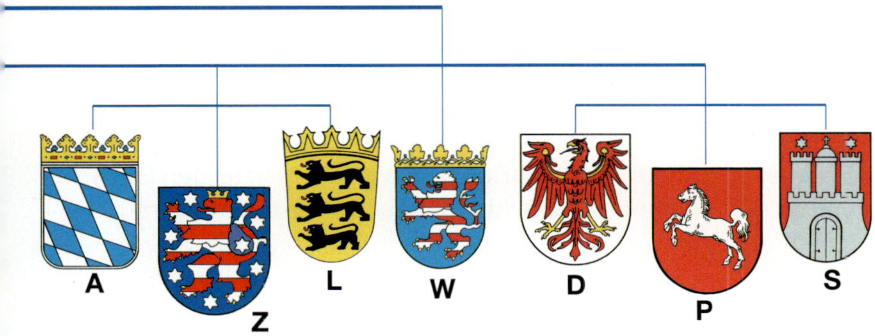

M4 *Bausteine der Länder (Bundesländer)*

M3 *Die Länder (Bundesländer) Deutschlands (politische Karte)*

❶ Ordne den alphabetisch aufgelisteten Ländern der Bundesrepublik Deutschland (M2) das richtige Wappen aus M1 zu (Atlas, Karte: Bundesrepublik Deutschland – politisch).
Die Buchstaben, die unter dem jeweiligen Wappen stehen, ergeben von oben nach unten gelesen ein Lösungswort.

❷ Welche Länder Deutschlands haben ein Wappentier?

❸ Schreibe mithilfe der Tabelle (M2) die 16 Länder Deutschlands nach der Größe der Landesfläche auf.

❹ Ordne die Länderbausteine in M4 den einzelnen Ländern Deutschlands (M3) zu (z. B. 1 – Schle…).

❺ Nenne die Bundesländer, die du schon besucht hast und nenne deren Hauptstädte.

Bevölkerungsverteilung in Deutschland

M1 zeigt, wie Deutschland bei Nacht vom Weltall betrachtet aussieht. Das Bild wurde von einem Satelliten aufgenommen. Die hellen Punkte sind Lichtquellen auf der Erde. Je mehr davon auf engem Raum vorhanden sind, desto heller erscheint der Bereich auf dem Bild. Besonders viele Lichtquellen leuchten nachts in den Großstädten und Verdichtungsräumen, also dort, wo viele Menschen dicht zusammenleben.

Verdichtungsräume sind größere Gebiete (mindestens 100 km²), in denen sich Einwohner (mindestens 150000) und Arbeitsplätze konzentrieren und die Bevölkerungsdichte sehr hoch ist. Manche Verdichtungsräume haben sich um eine Stadt entwickelt, wie um Berlin. Andere Verdichtungsräume sind durch das Zusammenwachsen mehrerer Städte entstanden, wie der Verdichtungsraum Rhein-Ruhr. Übrigens: Etwa die Hälfte der Einwohner Deutschlands lebt in Verdichtungsräumen.

M1 *Deutschland bei Nacht im Satellitenbild*

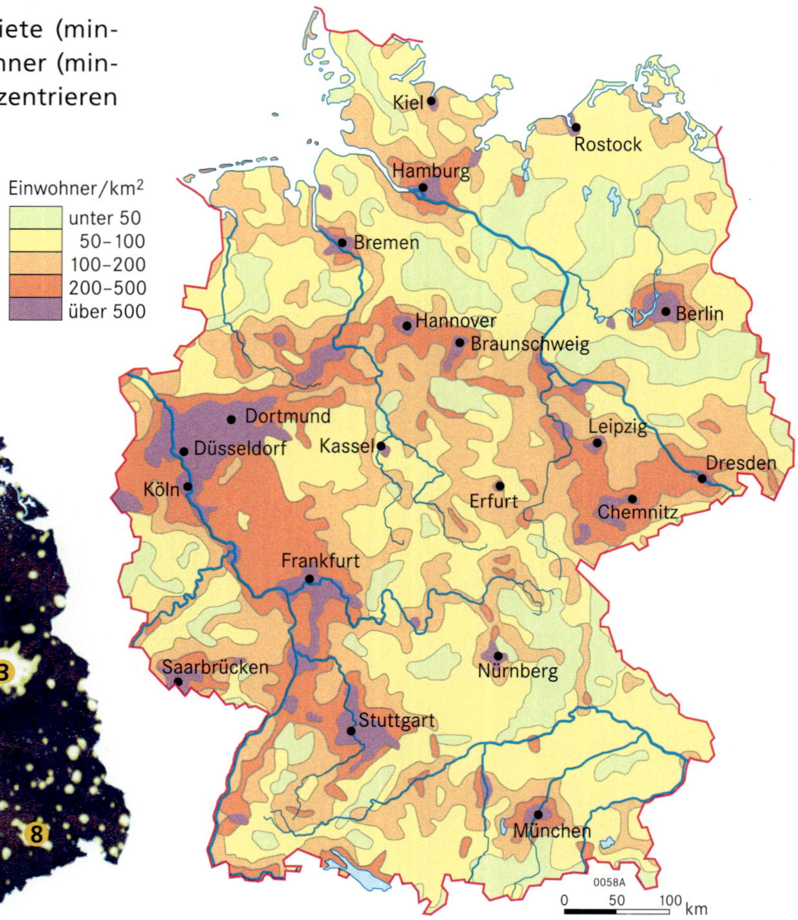

M2 *Bevölkerungsdichte in Deutschland*

INFO

Die Bevölkerungsdichte gibt an, wie viele Menschen durchschnittlich auf einem Quadratkilometer leben. Der Durchschnittswert für Deutschland beträgt 231 Einwohner/km². Diese Zahl ergibt sich, wenn man die Einwohnerzahl Deutschlands durch die Fläche (in km²) teilt.

M3 *Lebensräume in Deutschland*

❶ Liste auf, welche Lichtquellen es auf der Erde gibt.

❷ Erkläre, warum manche Gebiete in Deutschland nachts stark leuchten, andere schwach und manche gar nicht. (M1)

❸ Fertige eine Liste zu den in M1 mit Nummern markierten größten Verdichtungsräumen Deutschlands an. Nimm bei Bedarf den Atlas zu Hilfe.
a) Ordne den Nummern folgende Bezeichnungen zu: Rhein-Main, Stuttgart, Augsburg, Hamburg, Saarbrücken, Rhein-Ruhr, Berlin, Dresden, Hannover, Bremen, Nürnberg/Fürth/Erlangen, Halle/Leipzig, Rhein-Neckar, München, Chemnitz/Zwickau, Bielefeld.
b) Gib für die Verdichtungsräume, die nach Flüssen benannt sind, jeweils drei Städte an, die in diesem Raum liegen.
c) Nenne die Bundesländer, in denen die Verdichtungsräume liegen.
d) Gib mithilfe von M2 die Bevölkerungsdichte für die Verdichtungsräume an.

❹ Suche in M1 drei dunkle Bereiche. Finde heraus, um welche Regionen es sich handelt (Atlas). Ermittle anhand von M2 die Bevölkerungsdichte dieser Regionen.

❺ In M3 findest du vier Fotos, die Lebensräume in Deutschland zeigen.
a) Wo bist du auf Situationen getroffen, die denen in M3 ähneln?
b) Erörtere, ob du dich in einer der Situationen wohl fühlen könntest.

Miteinander leben in der Großstadt

Hamburg: Seine Bezirke und Stadtteile

Hamburg – die zweitgrößte Stadt Deutschlands

M1 *Stadtwappen von Hamburg*

Hamburg ist mit 755 km² das zweitkleinste Bundesland. Hier leben rund 1775 000 Menschen. Damit ist Hamburg (nach Berlin) die zweitgrößte Stadt Deutschlands. Regiert wird das Land durch den vom Bürgermeister geführten **Senat**. Dieser wird vom Landesparlament, der Bürgerschaft, gewählt.

Die Hansestadt Hamburg ist in sieben **Bezirke** mit insgesamt 105 **Stadtteilen** gegliedert. In jedem Bezirk gibt es ein Bezirksamt. Dieses sorgt dafür, dass wichtige Verwaltungsaufgaben unmittelbar vor Ort erledigt werden können. Unterstützt werden die Bezirksämter dabei durch mehrere Ortsämter. Die Fotos dieser Doppelseite sind in Hamburg aufgenommen worden und zeigen bekannte Punkte der Stadt. Wie heißen diese Sehenswürdigkeiten? Nenne auch die Bezirke und Stadtteile in denen sie liegen.

M2 *Hamburgs Bezirke und Stadtteile*

M3 *Sehenswürdigkeiten Hamburgs*

Stadtviertel und ihre Nutzung

M1 *City Hamburg: Einkaufspassage*

M3 *Schwimmende Häuser – das etwas andere Wohnen*

In der City

Wenn jemand „in die Stadt" fährt, so meint er in der Regel die Innenstadt, die sogenannte **City**. Im Zentrum der City liegen meist das Rathaus und zahlreiche Kaufhäuser. Während die Einheimischen in die City kommen, um in Geschäften Besorgungen zu machen, auf Ämtern vorzusprechen oder Arzttermine wahrzunehmen, besichtigen Touristen die Sehenswürdigkeiten der Stadt.

Zur Entlastung des Stadtzentrums vom Autoverkehr hat man in den meisten Städten **Fußgängerzonen** ausgewiesen. Der Lieferverkehr darf nur in den frühen Morgenstunden die Geschäfte anfahren. Tagsüber können die Fußgänger gefahrlos in der Fußgängerzone spazieren gehen, die Auslagen in den Schaufenstern ansehen und in den Restaurants und Straßencafés eine Pause einlegen.

Außerhalb der City

Verlässt man den Bereich der City, so gelangt man in Wohnviertel mit zumeist etwas älteren, mehrstöckigen Häusern (M7). Hier befinden sich oft auch kleinere Industrie- und Gewerbebetriebe (M2). Je weiter man sich vom Stadtzentrum entfernt, desto lockerer wird die Bebauung. Beiderseits der Hauptverkehrsstraßen wurden zunehmend Einkaufszentren angelegt. Viele Menschen kaufen hier ein, weil die Anfahrt mit dem Auto bequem ist.

Am Stadtrand haben die städtischen Verwaltungen einige Gebiete ausschließlich für die Ansiedlung von Gewerbebetrieben ausgewiesen. Diese liegen meist in der Nähe von Autobahnausfahrten.

Außerhalb der Innenstadtbereiche finden sich häufig auch Hochhaussiedlungen (M5).

M2 *Gewerbegebiet*

M4 *Erholungsgebiet*

M5 *Hochhaussiedlung*

M7 *Wohnviertel mit älteren Häusern*

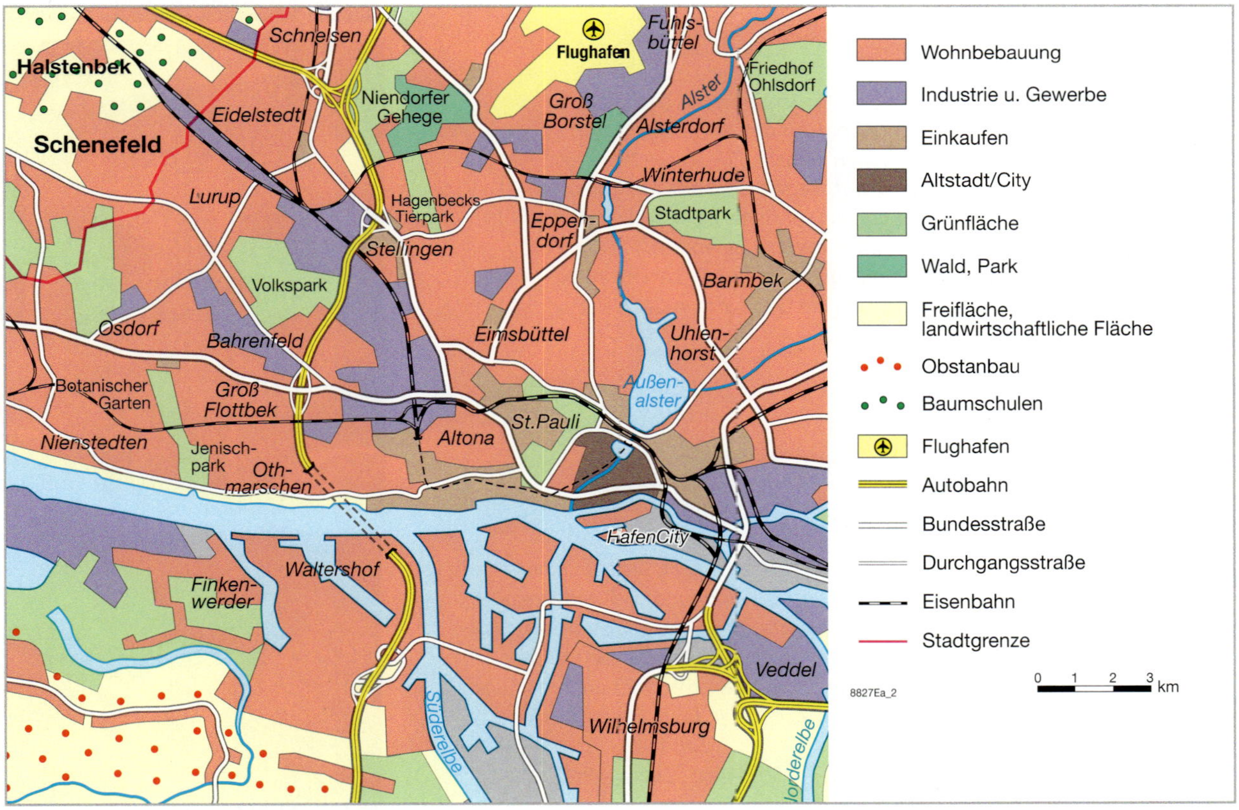

M6 *Flächennutzung in Hamburg (Ausschnitt)*

1. Nenne Einrichtungen, die vor allem in der City zu finden sind.
2. Wohnen in der Stadt. Erläutere, wo du am liebsten wohnen würdest.
3. In dem Text wird über unterschiedliche Viertel berichtet. Nenne Beispiele aus Hamburg, mit denen du die Textaussagen bestätigen kannst.

Ein Wohnviertel vorstellen

Wohnen in unterschiedlichen Wohnvierteln

Die Schülerinnen und Schüler der Klasse 5a kommen aus verschiedenen Stadtteilen Hamburgs. Drei Kinder wohnen in Hamburg-Stellingen. Da nur wenige ihrer Mitschüler Stellingen kennen, stellen sie ihr Wohnviertel vor.

Sie haben zu den Straßen, in denen sie wohnen, Texte geschrieben und Fotos gemacht. Zunächst befestigen sie einen Stadtplan auf einer Pinnwand. Auf dem Stadtplan haben sie die Straßen markiert. Dann heften sie die Fotos an die Pinnwand und lesen die Texte vor.

M1 *Lena aus der Jugendstraße*

M2 *Cem aus der Kieler Straße*

M3 *Mia aus dem Eidelstedter Weg*

M4 *Jugendstraße in Stellingen*

M5 *Kieler Straße in Stellingen*

M6 *Eidelstedter Weg in Stellingen*

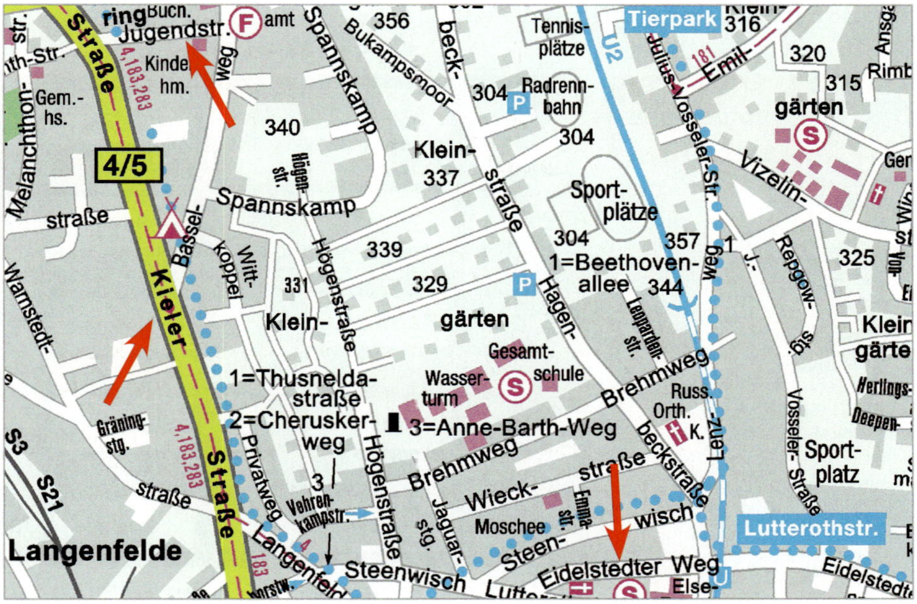

M7 *Stadtplan von Hamburg-Stellingen (Ausschnitt); die Straßen in M4–M6 sind durch die Pfeile gekennzeichnet).*

Besorge dir eine Kopie von einem Stadtplan. Markiere dort die Straße, in der du wohnst (bei langen Straßen reicht auch ein Straßenabschnitt. Fotografiere die Straße.

1. Schritt: Vorbereitung

Verfasse den Text:

1. Beschreibe die Wohnhäuser:
a) Welche Hausformen gibt es (Mehrfamilienhäuser mit wie vielen Stockwerken, Reihenhäuser, Ein- bis Zweifamilienhäuser)?
b) Grenzen die Häuser direkt an den Bürgersteig oder gibt es Vorgärten?

2. Beschreibe die Straße oder den Straßenabschnitt:
a) Ist die Straße eine Anliegerstraße oder eine Straße mit Durchgangsverkehr?
b) Gibt es alte oder neu gepflanzte Bäume?
c) Gibt es Geschäfte? Welche?

3. Beschreibe das Wohnumfeld:
a) Gibt es in der Nähe Grünanlagen oder Parks?
b) Gibt es in dem Wohnviertel einen Spielplatz?
c) Gibt es in dem Wohnviertel Handwerksbetriebe?

4. Beschreibe, wie gut bestimmte Häuser/Plätze erreichbar sind:
a) Wie weit ist es zum nächsten Supermarkt?
b) Wie weit ist es zur nächsten Grundschule und zur nächsten Gesamtschule?
c) Wie erreichst du den nächsten Sportplatz, das nächste Schwimmbad?
d) Wie erreicht man die City?

2. Schritt: Durchführung

Stelle dein Wohnviertel deinen Mitschülerinnen und Mitschülern vor. Gehe dabei so vor wie die Schülerinnen und der Schüler aus Stellingen.

3. Schritt: Präsentation

Woher kommen deine Nachbarn?

Fotografieren

zum Beispiel
- Türklingeln
- Wohnhäuser
- Geschäfte
- Plätze
- Straßen
- Menschen

Notiert auf einem Blatt, was ihr wo an welchem Tag und zu welcher Uhrzeit fotografiert habt. Dann fällt es euch hinterher leicht, die Fotos richtig zu beschriften.

M1 *Am Eingang eines vierstöckigen Wohnhauses*

Lerne deine Nachbarn kennen!

Wir kommen häufig mit Menschen aus anderen Ländern zusammen. Sie haben eine andere Sprache, essen andere Dinge und kleiden sich teilweise anders.

Oft wissen wir zu wenig über sie, ihre Heimatländer, ihre Religion und andere Bestandteile ihrer **Kultur**. Es kommt zu Missverständnissen oder gar Vorurteilen, die wir abbauen müssen.

- Leute mit einem ausländischen Namen können einen deutschen Pass haben, also deutsche Staatsbürger sein.
- Man weiß nicht, ob in einer Wohnung eine einzelne Person oder eine Familie lebt.
- Man kann nicht sagen, wie viele Zimmer die Wohnung hat.
- Man kann oft nicht feststellen, in welchem Stockwerk die Leute ihre Wohnung haben.

M2 *Die Namensschilder an den Türklingeln „verraten“ nicht alles.*

M3 *Bewohner mit ausländischen Wurzeln, die an der Befragung teilnahmen*

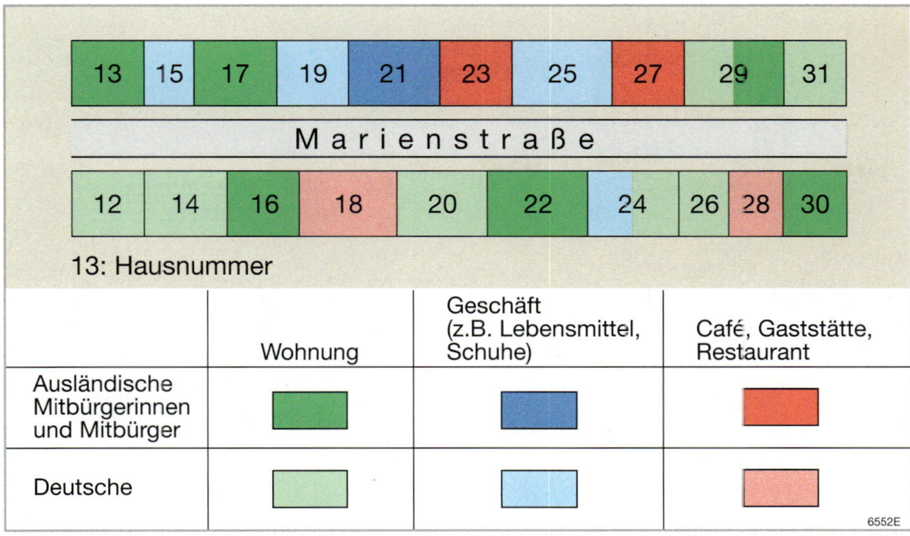

M4 *Nutzungskartierung des Erdgeschosses*

Kartieren

zum Beispiel

- einzelne Straßen
- Stadtviertel

Besorgt euch Karten.
Legt gemeinsam eine Legende fest.
Fertigt eine Zeichnung an, in der ihr die Ergebnisse der Nutzungskartierung darstellt (M4).
Fasst eure Erfahrungen (z.B. Schwierigkeiten) in einem Bericht zusammen.

Herr Ismail Aydin ist 42 Jahre alt. Er wurde in Bursa (Türkei) geboren und lebt seit über 20 Jahren in Deutschland. Vor zehn Jahren eröffnete er zusammen mit seiner Frau Keziban, die er in seiner Heimat kennenlernte und dort heiratete, das Restaurant „Istanbul". Sie haben einen Sohn, der Mohammed heißt. Er wurde in Deutschland geboren und ist 18 Jahre alt.
Die Familie Aydin wohnt in einer Mietwohnung direkt über dem Restaurant. Herr Aydin fährt mit seiner Frau und seinem Sohn einmal im Jahr für fünf bis sechs Wochen nach Bursa. Dort leben die Eltern von Herrn Aydin, seine Schwiegereltern und weitere Verwandte.
Die Familie Aydin will nicht mehr in die Türkei zurückziehen, da sie hier in Deutschland viele Freunde hat und sich auch sehr wohlfühlt. Innerhalb der Familie wird ausschließlich Türkisch gesprochen. Die deutsche Staatsbürgerschaft will weder das Ehepaar Aydin noch der Sohn haben. Sie sind stolz darauf, Türken zu sein.

M5 *Bericht von Tina und Jan zum Interview mit Herrn Aydin*

Befragen

zum Beispiel

- ausländische Schülerinnen und Schüler
- Berufstätige

Erstellt einen Fragebogen und kopiert diesen, damit jeder von euch mindestens eine Befragung durchführen kann. Schreibt zu jeder Befragung einen Bericht (M5).

M6 *Modellbau eines Teils der Marienstraße. Jedes Haus ist 6 cm lang und 4 cm breit. Ein Stockwerk ist 3 cm hoch. Die Farben stimmen mit denen der Nutzungskartierung (M4) überein.*

1 a) Welche Familiennamen an den Türklingeln (M1) sind deiner Meinung nach ausländische Namen?
b) Von welchen Kontinenten oder aus welchen Ländern könnten diese Menschen stammen?

2 Ordne den Modellhäusern in M6 die richtigen Hausnummern aus M4 zu.

3 Rund 180 verschiedene Nationalitäten sind derzeit in Hamburg vertreten. Überlege, wo du heute bereits mit Menschen Kontakt hattest, die ausländische Wurzeln haben.

M1 *U-Bahn-Haltestelle in Hamburg-Lokstedt*

M2 *Lkws werden an einem Supermarkt entladen*

Mobilität

Personenverkehr und Güterverkehr im Nahraum

Viele Güter, die wir benötigen, werden nicht in unserer Nähe hergestellt. So werden zum Beispiel Lebensmittel mit Lastkraftwagen (Lkw) oder fabrikneue Autos mit der Bahn transportiert. Das nennt man Güterverkehr.

Personenverkehr bedeutet, dass Menschen von einem Ort zu einem anderen Ort unterwegs sind. Sehr viele gehen außerhalb ihres Wohnortes einer Arbeit nach. Diese Personen heißen **Pendler**. Für ihre Arbeitswege benutzen sie eigene oder **öffentliche Verkehrsmittel**.

Einkaufsfahrten sind nötig, wenn Supermärkte oder andere Geschäfte nicht in der Nähe der Wohnung liegen. Auch zum Besuch von Freunden und Verwandten oder zum Erreichen von Sportanlagen, Kinos und anderen Freizeiteinrichtungen im Nahraum werden Verkehrsmittel benötigt. Für Freizeitfahrten wird meistens das Auto benutzt. So wählen rund 75 von 100 Deutschen für Urlaubsreisen den Personenkraftwagen (Pkw). Das Auto wird bevorzugt, weil die Menschen mit ihm jederzeit an jeden Ort gelangen können. Dadurch wird die **Mobilität** erhöht.

INTERNET

Informationen und Fahrplanauskunft
www.hvv.de
www.geofox.de

Informationen zum Thema HVV und Umweltschutz
www.hvv.de/umwelthauptstadt/klimaschutz

Unterwegs mit dem HVV

Der Hamburger Verkehrsverbund (HVV) umfasst das Hamburger Stadtgebiet und sieben umliegende Kreise. Zum Streckennetz gehören U- und S-Bahnlinien sowie Regionalbahnen (z. B. AKN = Eisenbahn Altona-Kaltenkirchen-Neumünster). Über 400 Buslinien und sieben Fährlinien auf der Elbe und im Hafen ergänzen das Angebot.

Natürlich können die Verkehrsmittel zum Erreichen der Ziele kombiniert werden. Wer sich auch selbst bewegen möchte, kann sein Fahrrad in vielen Verkehrsmitteln zu bestimmten Tageszeiten auf Teilstrecken mitnehmen.

INFO

Personennahverkehr
Man unterscheidet im Personennahverkehr individuelle und öffentliche Verkehrsmittel.

Individuelle Verkehrsmittel
Bei individuellen Verkehrsmitteln kann man über Ziel, Weg und Zeitpunkt der Fahrten selbst entscheiden. Zu den individuellen Verkehrsmitteln gehören Personenkraftwagen (Pkw), Krafträder (z. B. Motorrad) und Fahrräder.

Öffentliche Verkehrsmittel
Bei öffentlichen Verkehrsmitteln sind Abfahrtzeiten, Wegstrecken und Zielorte festgelegt. Zu den öffentlichen Verkehrsmitteln gehören Bus, Eisenbahn, S-Bahn, Straßenbahn oder U-Bahn.

M3 *ZOB Hamburg*

M5 *Hamburger S-Bahn*

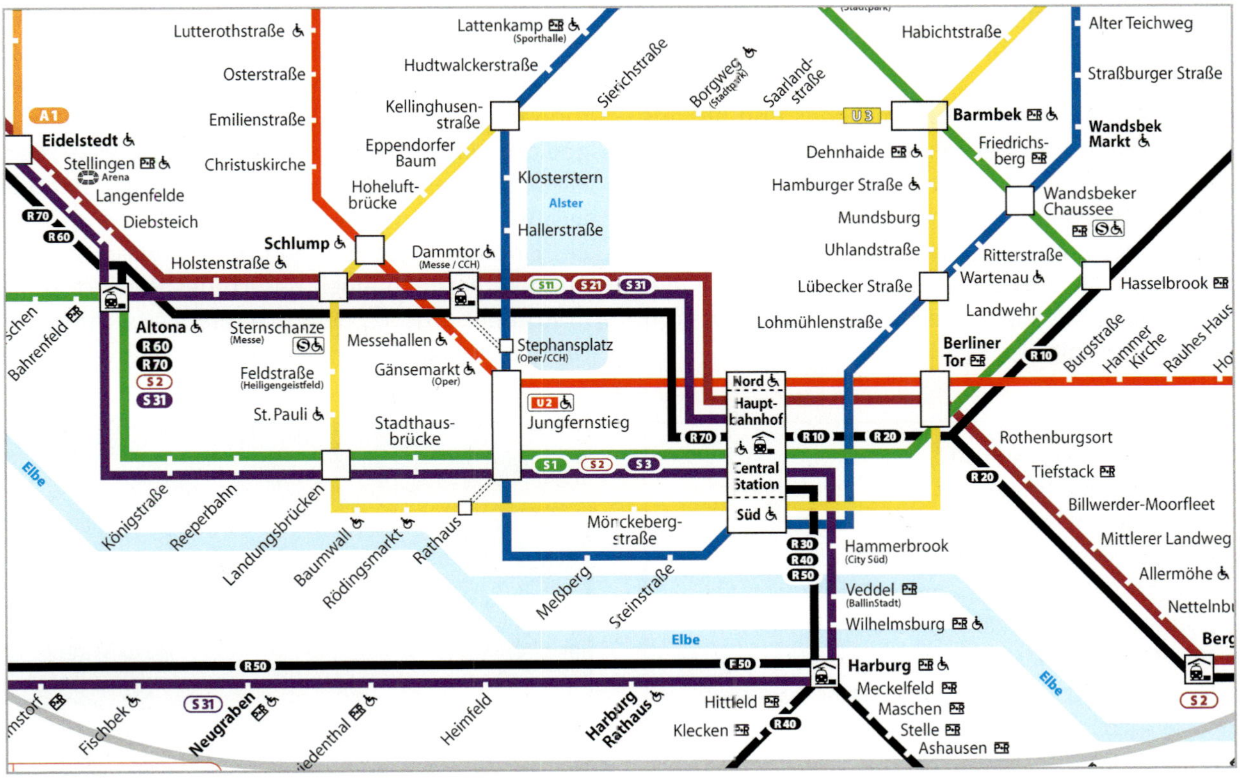

M4 *HVV-Streckennetzplan 2011 (Ausschnitt)*

1 Stelle in einer Tabelle zusammen, wie die Kinder deiner Klasse zur Schule kommen.

2 Stelle für eine Woche zusammen, welche Verkehrsmittel du für Fahrten zur Schule, für Einkaufsfahrten und für Freizeitfahrten benutzt. Vergleiche innerhalb der Klasse.

3 Wie kommst du mit öffentlichen Verkehrsmitteln von deiner Schule zum Hauptbahnhof? Nenne die Verkehrsmittel und die Umsteigepunkte.

Hamburgs Trinkwasserversorgung

Wasser für Hamburg

Trinkwasser ist das wichtigste Lebensmittel. Es kann durch nichts ersetzt werden. Wir brauchen es täglich in guter Qualität. Deshalb sind der Schutz des Wassers und ein sparsamer Umgang mit Wasser so wichtig.

Das Versorgungsgebiet von HAMBURG WASSER (ehemals Hamburger Wasserwerke) wird von insgesamt 17 Grundwasserwerken beliefert. Diese haben eine sehr unterschiedliche Größe. Normalerweise versorgt ein **Wasserwerk** die angrenzenden Stadtteile oder Ortschaften. Eine Ausnahme bildet das Wasserwerk Nordheide, das bis in einige Stadtteile nördlich der Elbe über mehr als 40 km Entfernung Wasser pumpt.

Reine Wohngebiete haben morgens und abends die höchsten Verbräuche. In gewerblichen Gebieten und in der Innenstadt steigt tagsüber der Verbrauch stark an und fällt nachts stark ab.

Wegen der ausschließlichen Förderung von hochwertigem **Grundwasser** unterscheidet sich die Wasserqualität aus den einzelnen Wasserwerken nur geringfügig.

INFO 1

Unser Wasserverbrauch

In den Haushalten wird im Durchschnitt knapp die Hälfte allen Trinkwassers in Dusche, Bad und Waschbecken verbraucht; ein Drittel des Wassers rauscht durchs WC. Nur zwei Prozent des Trinkwassers (d.h. 2 von 100 Wassertropfen) werden tatsächlich zum Trinken und Kochen verbraucht. Das restliche Wasser wird hauptsächlich zum Wäschewaschen, Geschirrspülen und Rasensprengen genutzt.

INFO 2

Der Tag des Wassers

Wasser ist in Deutschland das bestkontrollierte Lebensmittel. Jedoch gibt es nach wie vor Länder, in denen viele Menschen keinen Zugang zu einer gesicherten Trinkwasserversorgung haben. Mit dem Tag des Wassers, der jeweils am 22. März stattfindet, soll auf diese Problematik aufmerksam gemacht werden.

Wasserwagen und Wasserträger

Die Anfänge der organisierten Wasserversorgung in Hamburg reichen über 600 Jahre zurück. Damals wurden erste Leitungen, die aus durchbohrten Baumstämmen bestanden, verlegt. Sie versorgten wohlhabende Haushalte mit Quellwasser. Ärmere Bewohner waren weiterhin auf Eigenversorgung angewiesen. Manche ließen sich das Wasser durch umherfahrende Wasserwagen oder Wasserträger ins Haus bringen. Der bekannteste Hamburger Wasserträger ist Hans Hummel, der zum Hamburger Wahrzeichen wurde.

Zunächst wurde ungefiltertes Wasser aus den Fleeten und der Alster entnommen; später nutzte man auch das Wasser der Elbe zur Trinkwasserversorgung. Seit dem Ende des 19. Jahrhunderts wurde das Elbwasser gefiltert, ehe es den Haushalten als Trinkwasser angeboten wurde. Die Verschlechterung der Elbwasserqualität führte zur Suche nach geeignetem Grundwasser. Seit den 1960er-Jahren wird das gesamte Hamburger Trinkwasser nur noch aus Grundwasser gewonnen.

Ein Einblick in die Hamburger Trinkwasserversorgung kann durch einen Besuch des Wasserforums in Rothenburgsort, dem größten Wassermuseum Norddeutschlands, gewonnen werden.

M1 *Trinkwasseraufbereitung*

M2 *Hamburgs Wasserwerke*

M3 *Im Wasserforum Hamburg*

TIPP

Wasserforum

Das Wasserforum ist Norddeutschlands umfassendste und zugleich modernste Informationssammlung über die Wasserversorgung und die Rahmenbedingungen der Wassergewinnung.

Zwei unterschiedliche Informationsebenen ermöglichen einen schnellen Rundgang mit vielen Möglichkeiten zum Anfassen oder Anschauen ebenso wie eine intensive Auseinandersetzung mit den unterschiedlichen Themen.

Plant doch einen Ausflug ins Wasserforum Hamburg (Billhorner Deich 2, 20539 Hamburg). Ihr erreicht das Wasserforum mit den öffentlichen Verkehrsmitteln S 21 (Bahnhof Rothenburgsort) und den Bus-Linien 120, 124 und 130 (Station Billhorner Deich).

1 Erkundige dich bei deinen Eltern oder Großeltern, welche Geschichte mit dem Ausspruch „Hummel, Hummel – Mors, Mors" verbunden ist.

Infrastruktur

Duschen, Bus fahren, Licht anschalten, Fernsehen schauen, Radio hören, telefonieren – wie selbstverständlich tust du das alles jeden Tag. Bei diesen Tätigkeiten benutzt du die sogenannten Infrastruktureinrichtungen.

Sie können von jedermann genutzt werden und dienen dem Wohl aller. Daher ist die Planung, Erstellung und Instandhaltung der Infrastruktur eine Aufgabe des Staates, der Städte und Gemeinden.

INFO

Infrastruktur

Das Wort „infra" kommt aus dem Lateinischen und bedeutet „unten" oder „unterhalb". Ursprünglich bezeichnete man mit Infrastruktur also die im Boden befindlichen Leitungen wie Rohre, Kabel und Kanäle. Heute fasst man mit dem Begriff Infrastruktur alle langlebigen Grundeinrichtungen zusammen, die für das Funktionieren des Lebens in der Stadt und auf dem Land notwendig sind.

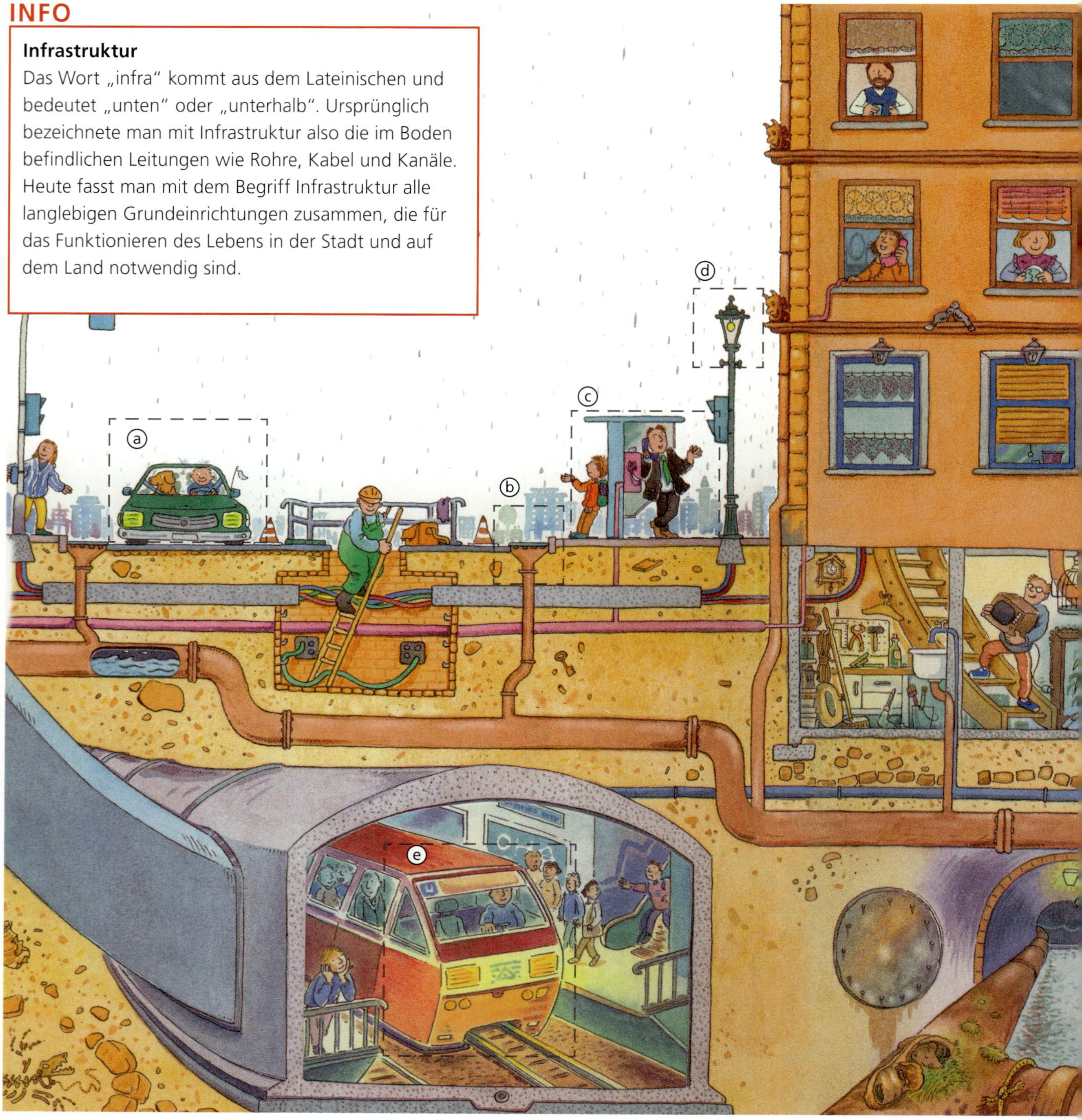

M1 *Infrastruktur in der Stadt*

M2 *Beispiele für Verkehrsinfrastruktur (siehe auch S. 92)*

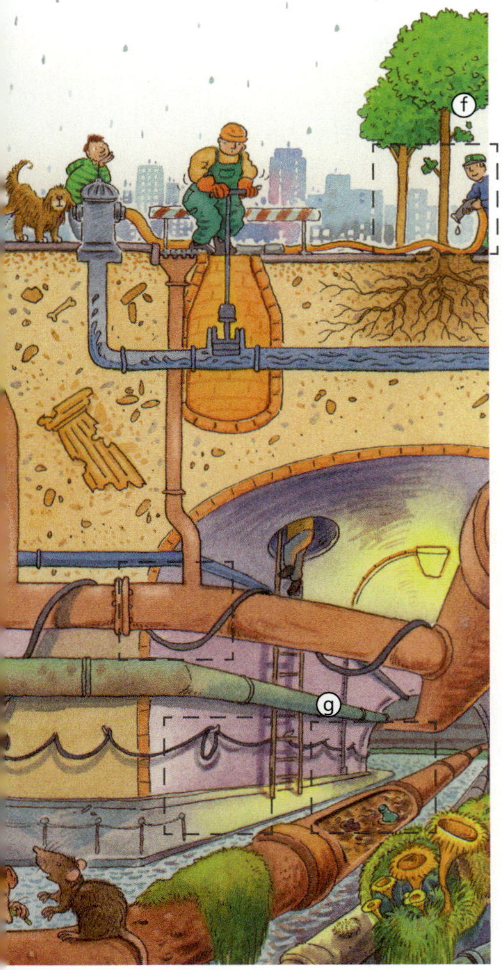

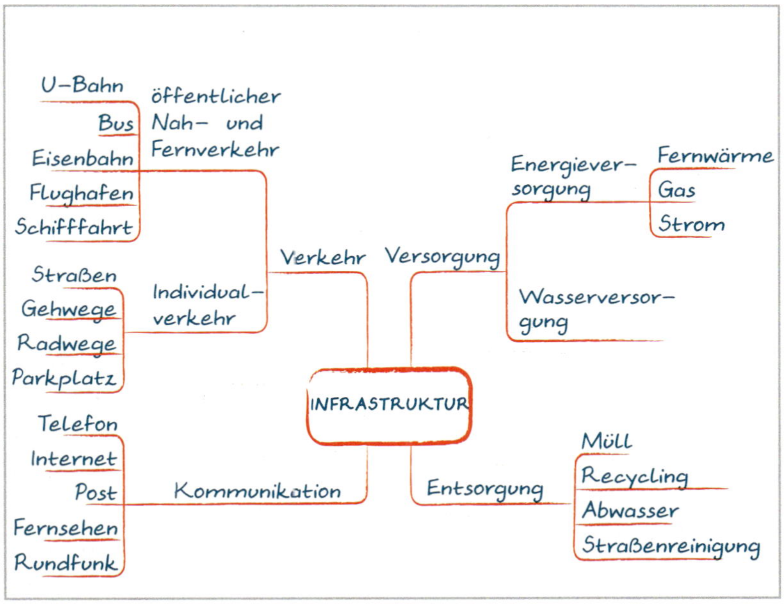

M3 *Einteilung der Infrastruktureinrichtungen*

1 Für diese Aufgabe benötigst du: Kopie von M1, leeres DIN-A3-Blatt, Schere, Klebestift. Übertrage M3 auf ein DIN-A3-Blatt. Schneide nun die mit Buchstaben markierten Bereiche aus der Kopie von M1 aus und klebe sie an die zugehörigen Stellen in deine Zeichnung von M3. Alternative: Ordne die mit Buchstaben markierten Bereiche in M1 den Zweigen in M3 zu.

2 Schau dich auf dem Weg zur Schule nach Objekten um, die auf Infrastruktureinrichtungen hinweisen. Erstelle eine Tabelle nach dem folgenden Muster. Nimm dazu M3 zu Hilfe.

gefundenes Objekt	gehört zur Infrastruktur
Briefkasten	Kommunikation
Bushaltestelle	öffentlicher Nahverkehr
…	…

M1 *Wappen Berlins*

Die größte Stadt Deutschlands – Hauptstadt Berlin

Berlin ist die Hauptstadt der Bundesrepublik Deutschland und die größte deutsche Stadt. Hier leben fast dreieinhalb Millionen Menschen, das heißt mehr als in Hamburg und München zusammen. Berlin ist auch eine bedeutende Industriestadt. Mehr als 200 000 Menschen arbeiten in Fabriken und Handwerksbetrieben. Im Folgenden kannst du an einer Busfahrt teilnehmen und Berlin näher kennenlernen.

Die Reiseleiterin erläutert:
„Hinter uns liegen Kanzleramt und Bundestag, vor uns sehen Sie den Potsdamer Platz. Das Brandenburger Tor links ist das Wahrzeichen von Berlin.
Wir queren gerade das sogenannte Regierungsviertel. Seit 1990 ist Berlin Hauptstadt des wiedervereinigten Deutschland. Es mussten viele Regierungsgebäude errichtet sowie Straßen-, U- und S-Bahn-Linien erneuert werden. Dafür wurde bisher eine Milliarde Euro ausgegeben. Ist erst alles fertig, wird dieses Viertel die Stadt und das ganze Land bei unseren Gästen sicherlich würdig repräsentieren.“

M2 *Rundfahrt durch das Regierungsviertel*

Das Schloss Bellevue

ist Sitz des Bundespräsidenten. Er ist das Staatsoberhaupt Deutschlands und vertritt unser Land im In- und Ausland.

Der Reichstag

ist Sitz des Deutschen Bundestages. Hier tagen die gewählten Vertreterinnen und Vertreter unseres Volkes. Sie entscheiden über Gesetze und wählen den Bundeskanzler bzw. die Bundeskanzlerin.

Das Bundeskanzleramt

ist Sitz der Bundeskanzlerin oder des Bundeskanzlers mit den Mitgliedern der Regierung (den Ministerinnen und Ministern).

M4 *Wer hat wo seinen Sitz?*

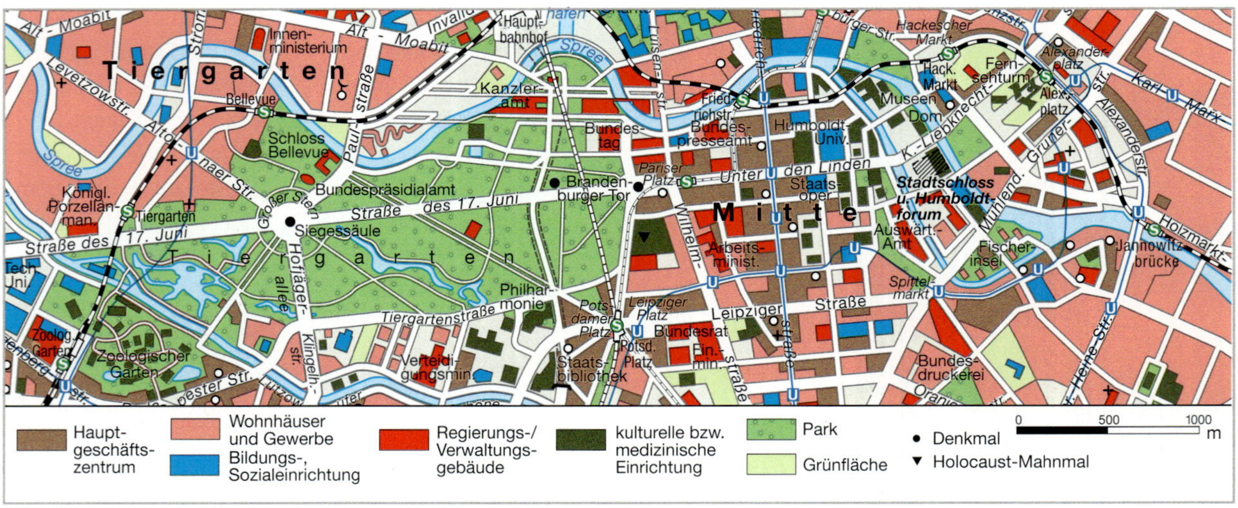

M3 *Das Zentrum von Berlin – Karte der Flächennutzung*

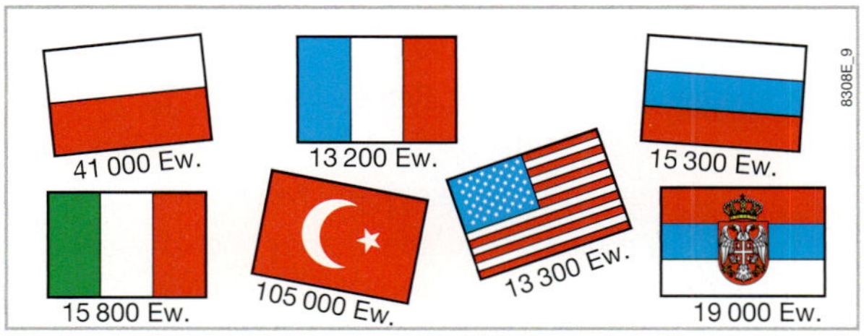

M5 *Bevölkerungsreichste Ausländergruppen in Berlin (Türken, Polen, Serben, Russen, Italiener, Kroaten, Franzosen); Gesamtzahl der Ausländer 2011: 457 800*

M8 *Lage von Berlin in Deutschland*

> *Die Reiseleiterin erläutert weiter:*
> „Kreuzberg ist der kleinste und am dichtesten bebaute Stadtteil von Berlin. Mit seinen zahlreichen Cafés, Bars und Kneipen ist er besonders bei jungen Touristen beliebt. Hier wohnen die meisten Ausländer, vor allem Türken. Daneben gibt es aber auch viele Serben und Polen. Berlin ist mit etwa 180 000 türkischen und türkischstämmigen Bürgern die größte türkische Stadt außerhalb der Türkei. Kreuzberg ist ein multikultureller Stadtteil. Hier gibt es zum Beispiel deutsche, türkische und italienische Geschäfte und Restaurants. Hier spricht man auch verschiedene Sprachen. In den dicht an dicht stehenden Häusern wohnen und arbeiten zahlreiche Menschen. Typisch sind kleine Handwerksbetriebe wie Wäschereien, Reparaturbetriebe, Reinigungen oder Schneidereien."

M6 *Multikulturelles Kreuzberg*

1 Suche Regierungsgebäude und Ministerien in der Karte M3. Schreibe ihre Namen in einer von dir selbst zu wählenden Reihenfolge auf, z. B. von Westen nach Osten oder alphabetisch.

2 Bundespräsident, Bundeskanzlerin, Bundestag:
a) Wo sind sie untergebracht?
b) Was tun sie?
Mach dir Notizen und schreibe anschließend einen zusammenhängenden Text (M4).

3 a) Zeichne nach M5 ein Säulendiagramm (siehe S. 94/95). Ermittle vorher die Nationalitäten (z. B. mithilfe des Atlas).
b) Orientiere dich: Nenne die Hauptstädte der Länder, aus denen die Ausländergruppen kommen (Atlas).

◁ **M7** *Renovierter Wohnblock in Kreuzberg. Die Abbildung zeigt den Teil des Wohnblocks, der zur Straße hin ausgerichtet ist. Dahinter befinden sich Seiten- und Querflügel, die einen Innenhof einschließen. Hier sind ebenfalls Wohnungen, aber auch Räume für eine gewerbliche Nutzung untergebracht, zum Beispiel für Handwerksbetriebe.*

M9 *Straßenszene in Kreuzberg*

Die Reiseleiterin erklärt:
„Jetzt sind wir in der City. Hinter uns liegen Mehringplatz und Hallesches Tor. Vor uns ist eine der berühmtesten Straßen im Zentrum Berlins, die Friedrichstraße. Sie ist – neben dem Kurfürstendamm – die Straße mit den meisten Geschäften. Über vier Millionen Touristen besuchen jährlich diese luxuriöse Flanier- und Einkaufsmeile.
Wir biegen nun in die Straße „Unter den Linden" ein. Hier befinden sich viele prächtige Gebäude, die in der Zeit entstanden, als Berlin Hauptstadt Preußens und später des deutschen Kaiserreichs war. Am östlichen Ende der Straße wird das Berliner Stadtschloss wieder aufgebaut.
Wir fahren nun weiter zum Potsdamer Platz. Dort finden Sie in den riesigen Einkaufsarkaden über 100 Geschäfte. Der Potsdamer Platz war zur Zeit der Teilung Berlins ein Teil des Mauerstreifens.

M1 *Fahrt durch die Friedrichstraße, die Straße Unter den Linden zum Potsdamer Platz*

In Berlin befinden sich:			
Sportvereine	1902	Gymnasien	94
Hallenbäder	58	Grundschulen	371
Kinderspielplätze	1846	Universitäten und Hochschulen	18
Kinos	284		
Museen	151	(Datenstand 2010)	

M2 *Berlin in Zahlen*

M3 *Die „Galeries Lafayette" sind ein kleines Stück Frankreich mitten in Berlin. Besonders vertreten sind hier internationale Mode und französische Spezialitäten, zum Beispiel Wein und Käse.*

Die Reiseleiterin erklärt weiter:
„Wir biegen jetzt in den Großen Stern ein mit der Siegessäule in der Mitte. Kaiser Wilhelm I. hat sie um 1870 in Erinnerung an seine militärischen Erfolge erbauen lassen . Weil die Siegesgöttin Victoria hoch oben in luftiger Höhe bei Sonnenschein weithin so golden leuchtet, wird sie von den Berlinerinnen und Berlinern auch ‚Gold-Else' genannt.
Vor uns erstreckt sich nun zu beiden Seiten der Straße der Tiergarten. Er ist eine der ‚grünen Lungen' Berlins. Dieser riesige Park mit Wiesen und Teichen ist ein wichtiges Naherholungsgebiet. Hier können sich die Menschen vom Stress ihrer täglichen Arbeit erholen. Sie gehen spazieren, joggen, spielen Fußball, fahren Fahrrad oder Inliner, grillen, rudern auf dem Neuen See und liegen ganz einfach faul in der Sonne oder sitzen entspannt in einem der Cafés. An Wochenenden und bei schönem Wetter ist hier oft mehr los als in den Museen."

M4 *Fahrt durch den Tiergarten*

1 Waldbühne
2 Olympiastadion
3 Messegelände
4 Deutschlandhalle
5 Funkturm
6 ICC (Internationales Congress Centrum)
7 Charlottenburger Schloss
8 Kaiser-Wilhelm-Gedächtniskirche

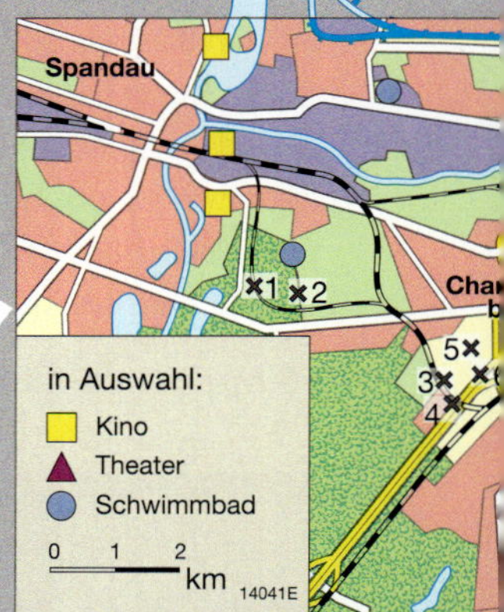

INFO

Berlin – geteilt und wiedervereint

Nach dem Zweiten Weltkrieg (1939 – 1945) wurde Berlin in West- und Ostberlin aufgeteilt. Ostberlin war die Hauptstadt der „Deutschen Demokratischen Republik (DDR)", Westberlin gehörte faktisch zur Bundesrepublik Deutschland. Von 1961 bis 1989 war Westberlin von einer Mauer umgeben, und die Verbindungen mit Ostberlin und der DDR waren unterbrochen. Mit der Wiedervereinigung der beiden deutschen Staaten im Jahr 1990 wurde die Mauer abgerissen und Gesamtberlin wieder die Hauptstadt Deutschlands.

M5 *Sehenswürdigkeiten in Berlin*

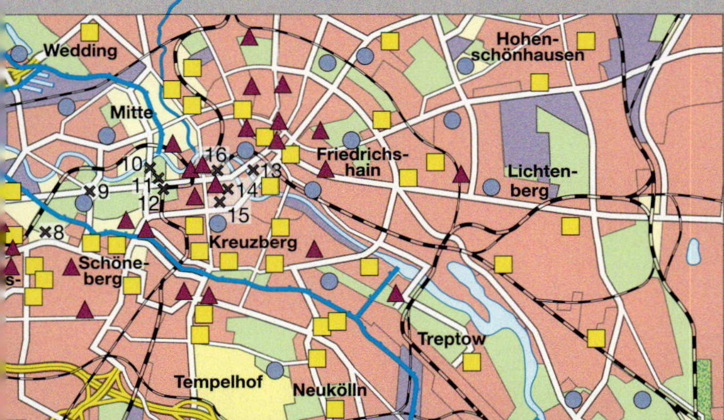

9 Siegessäule im Tiergarten
10 Bundeskanzleramt
11 Reichstagsgebäude
12 Brandenburger Tor
13 Fernsehturm am Alexanderplatz
14 Staatsoper
15 Musikhochschule
16 Humboldt-Universität

M6 *Was gibt es wo in Berlin?*

M7 *Im Tiergarten*

1 Erstelle eine Liste der Gebäude in M5 von Westen nach Osten mithilfe der Karte M6.

2 Die Stadttour auf den Seiten 74–76 hat dich durch verschiedene Berliner Stadtviertel geführt.
a) Notiere in einer Tabelle stichpunktartig, was für diese Stadtviertel charakteristisch ist.
b) Prüfe, ob du in Hamburg ähnliche Stadtviertel findest. Wenn ja, stelle Gemeinsamkeiten und Unterschiede fest.

3 Die Friedrichstraße ist ein Teil der Berliner City. Liste die Merkmale einer City auf. Beziehe dabei auch deine Kenntnisse über die Hamburger City ein.

Versorgung durch Industrie und Dienstleistungen

Braunkohlentagebau mit Schaufelradbaggern

Braunkohle – Energie aus der Erde

Aus Braunkohle wird Strom

Wenn wir das Licht anschalten, ist es sofort hell. Und wenn wir eine elektrische Heizung einschalten, wird es bald warm im Raum. Das alles geschieht durch die Energie im elektrischen Strom. Doch woher bekommt der Strom diese Energie?
Der Strom erhält seine Energie aus unterschiedlichen **Energieträgern** (M2). Einer der Energieträger ist die **Braunkohle**. Sie entstand vor vielen Millionen Jahren aus Holz. Das Holz hat sich im Laufe der Zeit unter mächtigen Schichten aus Erde und Gestein in Kohle verwandelt. Dabei hat sich brennbarer Kohlenstoff angereichert. Je mehr Kohlenstoff vorhanden ist, desto heißer verbrennt die Kohle. Man sagt: Sie hat einen höheren **Brennwert**.
Wir haben in Deutschland vier große Braunkohlenreviere. Dort lagert Braunkohle unter mächtigen Erdschichten. Die Braunkohle wird mithilfe riesiger Schaufelradbagger im **Tagebau**, also oberirdisch, abgebaut. Anschließend wird sie zu den **Kraftwerken** transportiert. Dort wandelt man die Braunkohle in Strom um. Ein solches Kraftwerk nennt man Kohlekraftwerk. Mit dem Strom, der hier aus etwas mehr als einem Kilogramm Braunkohle produziert wird, kann man zum Beispiel ein Essen für vier Personen kochen.

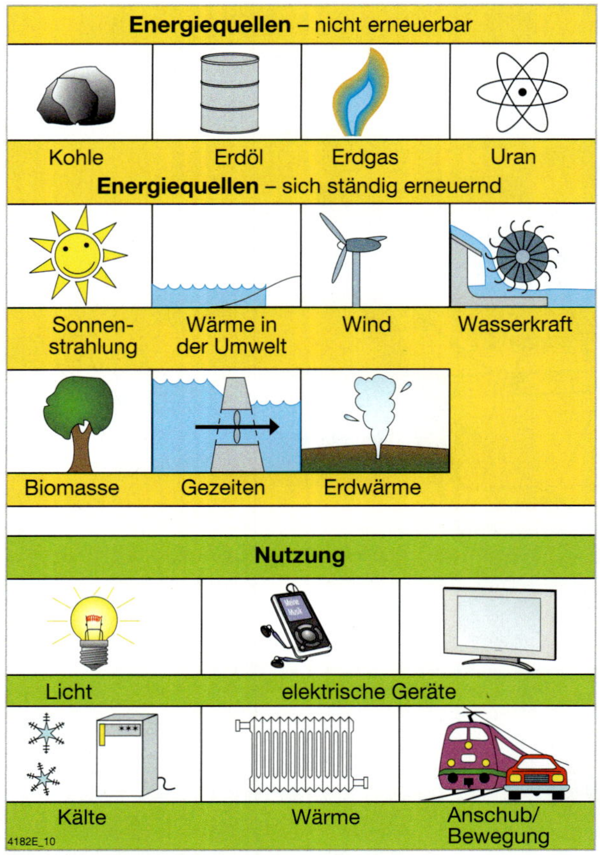

M2 *Verschiedene Energieträger – mehrere Nutzungsmöglichkeiten*

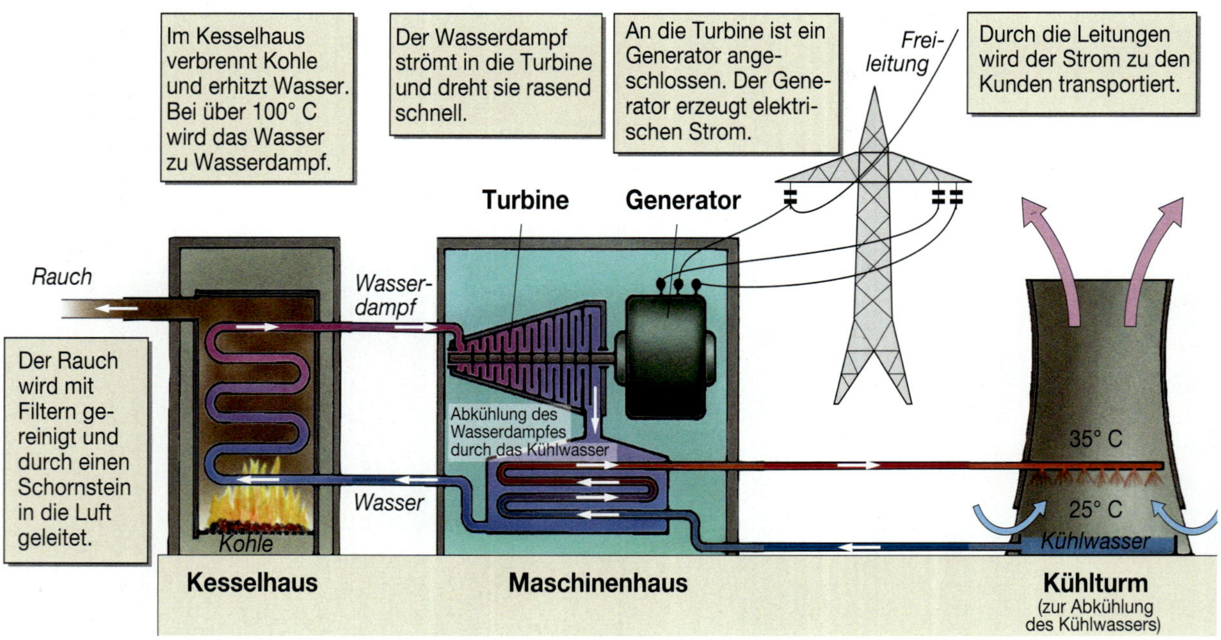

M1 *So wird in einem Kohlekraftwerk Strom produziert.*

M3 *Absetzer: Mit seiner Hilfe werden die alten, ausgekohlten Tagebaue im Rheinischen Braunkohlenrevier wieder verfüllt.*

M5 *Die Lage des Rheinischen Braunkohlenreviers*

Das größte Braunkohlenrevier Deutschlands ist das Rheinische Braunkohlenrevier. Die Braunkohle liegt hier bis in einer Tiefe von 350 m. Die einzelnen Kohleschichten sind bis zu 70 m mächtig. Durch den Einsatz der Schaufelradbagger (siehe S. 78/79) wird die Landschaft vollständig verändert. Äcker, Siedlungen, Wälder müssen weichen (siehe S. 82/83).

M4 *Das Rheinische Braunkohlenrevier*

1 Nenne
a) das Material, aus dem die Braunkohle entstanden ist;
b) den Namen des Stoffes, der anzeigt, wie effizient die Kohle brennt.

2 In Deutschland wird weltweit die meiste Braunkohle abgebaut. Dies geschieht in vier Braunkohlenrevieren. Schreibe die Namen der Reviere auf und die Bundesländer, in denen sie liegen (Atlas).

3 Energie versorgt zahlreiche elektrische Geräte. Zähle vier Geräte auf, die du bei einem Stromausfall am meisten vermissen würdest.

4 Finde fünf Länder in Europa mit Braunkohlenvorkommen (Atlas, Karte: Europa – Wirtschaft und Energie).

5 a) Erkläre, weshalb man die Braunkohle auch als Energieträger bezeichnet.
b) Erläutere, wie die in der Braunkohle enthaltene Energie freigesetzt wird.

6 Die Kohle wird im Kohlekraftwerk in Strom verwandelt. Beschreibe diesen Vorgang (M1).

7 a) Wandle M2 in eine Tabelle um.
b) In M2 unterscheidet man zwischen „nicht erneuerbaren" und „sich ständig erneuernden" Energieträgern. Erkläre, wo der Unterschied zwischen diesen beiden Arten von Energieträgern liegt.

INTERNET

www.braunkohle.de

M1 *Ein Ort während des Abbaus der Braunkohle und nach der Wiederherstellung der Landschaft – Beispiel Bedburg in Nordrhein-Westfalen*

Braunkohlenabbau belastet und verändert

Der Abbau von Braunkohle hat schwerwiegende Folgen für die Natur und die Menschen. Bevor man an die Kohlenschichten gelangt, trägt man das Deckgebirge ab. Das sind die mächtigen Schichten aus Boden und Gestein, die über der Kohle lagern. Außerdem werden Wälder abgeholzt und das Grundwasser abgepumpt.

Besonders betroffen sind die dort wohnenden Menschen. Vor dem Abbau der Kohle müssen sie ihre Häuser für immer verlassen. Diese werden abgerissen. Nach der **Umsiedlung** werden auch Straßen, Schienen, Bäche und Friedhöfe verlegt.

Wenn die Braunkohle abgebaut ist, muss die Landschaft wiederhergestellt werden. Diese Wiederherstellung nennt man **Rekultivierung**.

Es werden zum Beispiel neue Flächen für den Ackerbau geschaffen. Dazu werden die riesigen Löcher des Tagebaus zunächst mit Erde aufgefüllt. Darauf trägt man eine zwei Meter dicke Schicht mit Mutterboden auf. Nach einigen Jahren besonderer Pflege sind die Ernten ähnlich gut wie vor dem Tagebau. In anderen Teilen des Geländes trägt man Boden auf, der mit Bäumen bepflanzt wird. In einigen Restlöchern entstehen Seen.

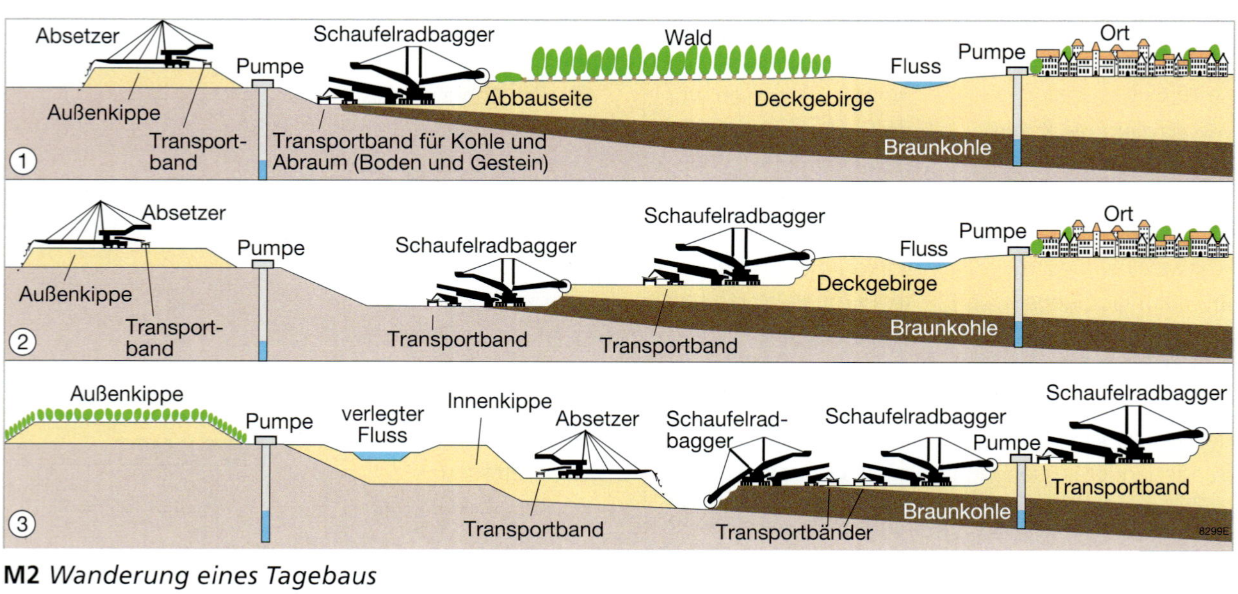

M2 *Wanderung eines Tagebaus*

M5 *Die Lage von Garzweiler*

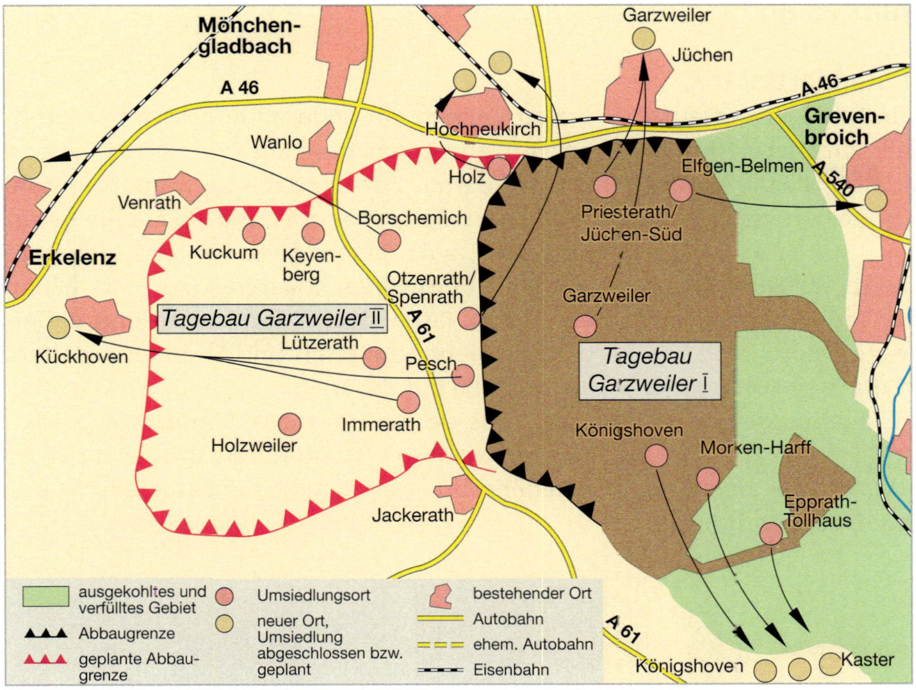

◁ **M3** *Umsiedlungen im Tagebau Garzweiler*

M4 *Im Südosten des Braunkohlenreviers sind bei der Rekultivierung Gebiete mit Wäldern und Seen für die Erholung der Stadtbevölkerung entstanden.*

1 Der Abbau von Braunkohle verändert die Landschaft.
a) Nenne die Belastungen, die durch den Abbau der Braunkohle entstehen.
b) Beschreibe die Arbeit von Schaufelradbaggern und Absetzern, wenn der Tagebau wandert (M2).
c) Erkläre, weshalb das Grundwasser abgepumpt wird.

2 Betrachte M3.
a) Fertige eine Liste an, aus der hervorgeht, welche Orte von wo nach wo umgesiedelt worden sind.
b) Erkläre, was mit dem Tagebau Garzweiler I geschehen wird.

3 Erläutere am Beispiel von M4, was die Rekultivierung mit der Erholung von Menschen und dem Lebensraum von Tieren zu tun hat.

4 Stell dir vor, du lebst in einem Ort, der wegen des Abbaus eines Rohstoffes umgesiedelt würde, und du kämst mit deiner Familie in eine neue Umgebung und in ein neues Haus. Schreibe dazu einen Text.

5 Erstelle eine Liste mit Vor- und Nachteilen des Braunkohlenabbaus.

INFO

Tagebau Garzweiler
Ab 2006 wurde der Tagebau Garzweiler I nach Westen um den Tagebau Garzweiler II erweitert. Hier wird die Braunkohle bis 2044 abgebaut. Fast 12 000 Menschen werden nach und nach umgesiedelt.

Auf den Standort kommt es an

Rohstoffe – ein wichtiger Standortfaktor

Neben Braunkohle gibt es in Deutschland auch **Steinkohle**. Diese ist ebenfalls ein Energieträger. Die Steinkohle ist aber viel älter als die Braunkohle und hat deshalb auch einen höheren Brennwert.
Die Steinkohlenschichten nennt man **Flöze**. Diese werden in **Bergwerken** unter Tage abgebaut. In manchen Regionen der Erde, zum Beispiel in den USA oder Australien, lagert die Steinkohle nicht so tief und wird deshalb im Tagebau gefördert, was günstiger ist.
Aus Steinkohle stellt man auch Koks her. Den braucht man zur **Verhüttung**. Dabei wird Eisenerz zusammen mit anderen **Rohstoffen** in großen Hüttenwerken geschmolzen. Anschließend werden daraus Eisen und daraus wiederum Stahl produziert. So gibt es dort, wo Steinkohle gefördert wird, auch immer ganz typische Industriebetriebe: Bergwerke, Kokereien (zur Herstellung von Koks), Eisenhütten, Stahlwerke und außerdem Betriebe, die Eisen und Stahl verarbeiten. Sie sind alle auf die Steinkohle angewiesen. Man sagt, dass sie ein wichtiger **Standortfaktor** ist, also ein wichtiger Grund für die Betriebe, sich an einem bestimmten Standort anzusiedeln.

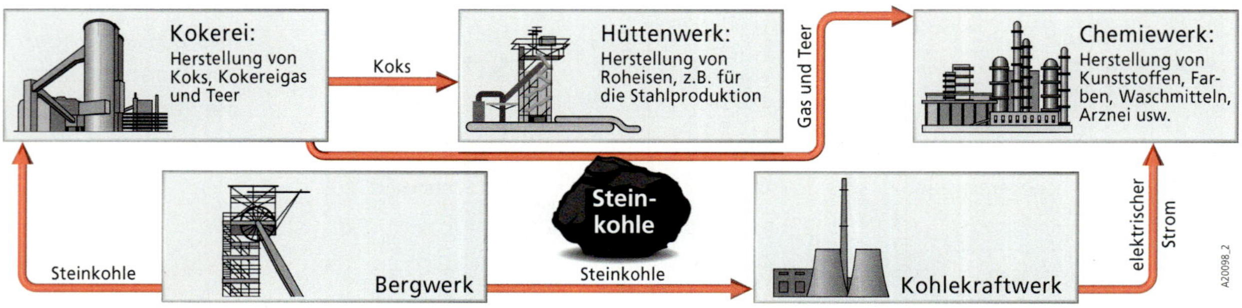

M1 *So nutzt man die Steinkohle*

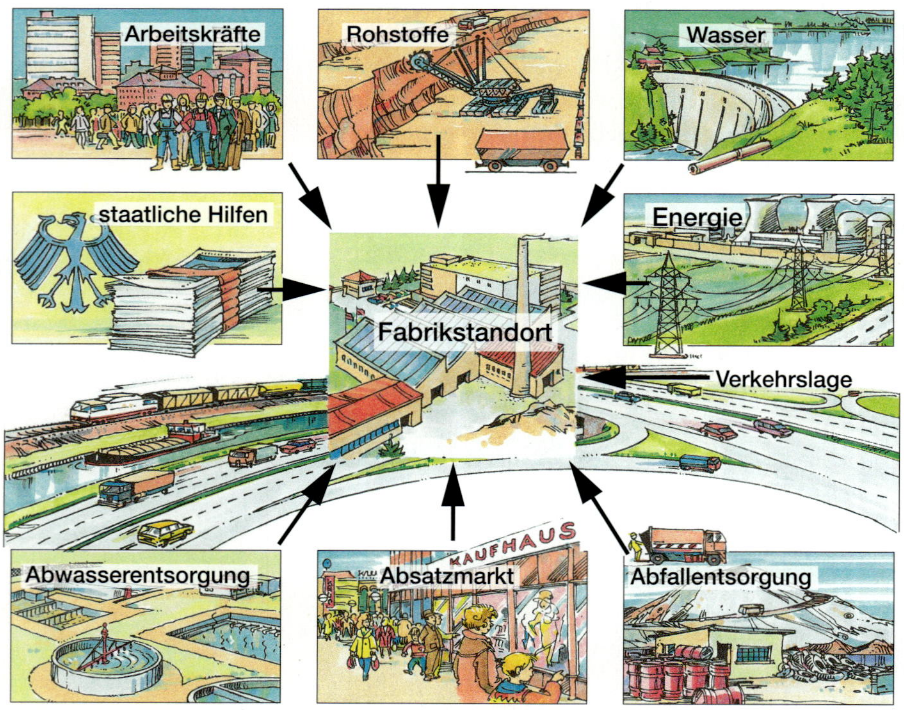

M2 *Standortfaktoren von Industriebetrieben (Auswahl)*

INFO

Standortfaktor
Als Standortfaktoren bezeichnet man die Gründe, die einen Betrieb veranlassen, sich an einer bestimmten Stelle niederzulassen. Für die einzelnen Betriebe sind die Standortfaktoren unterschiedlich wichtig. So ist Steinkohle für eine Kokerei ein bedeutsamer Standortfaktor. Für ein Fuhrunternehmen dagegen ist eine gute Verkehrslage ein wichtiger Standortfaktor.

M3 *Walzenschrämlader. Die 20 t schwere Maschine schneidet einen rund 80 cm breiten Steinkohle-Streifen aus dem Flöz heraus.*

M6 *Die Lage des Ruhrgebiets*

INTERNET

Informationen zum Ruhrgebiet:
www.steinkohle-portal.de

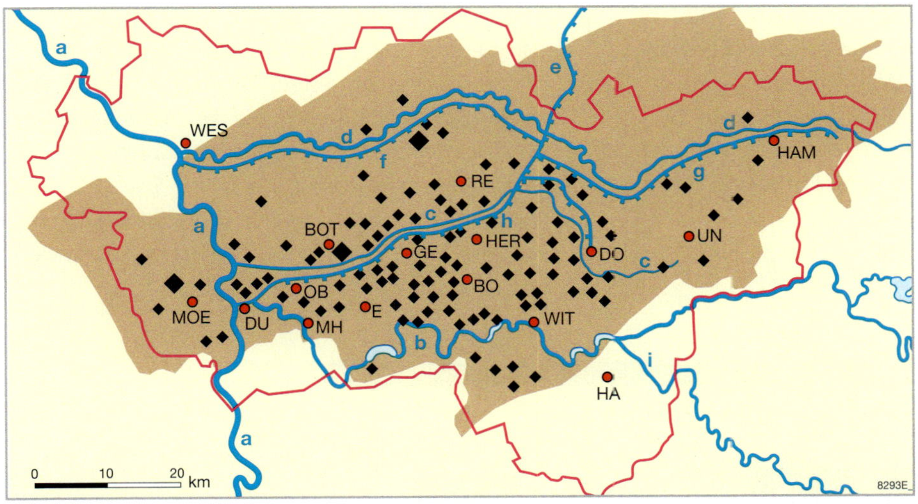

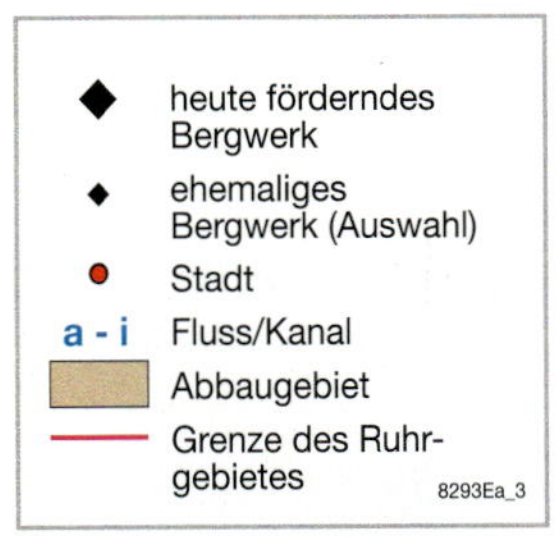

M4 *Ruhrgebiet – Abbaugebiet und Bergwerke*

Das Ruhrgebiet ist der größte Wirtschaftsraum Europas. Hier leben über fünf Millionen Menschen. Vor 50 Jahren war die Kohle noch ein sehr wichtiger Standortfaktor für zahlreiche Betriebe im Ruhrgebiet. Sie wurde vor allem gebraucht, um Eisen und Stahl zu produzieren und Strom zu erzeugen.
Heute hat die Kohle an Bedeutung verloren. Es wird zum Beispiel nicht mehr so viel Stahl produziert. Insgesamt findet man im Ruhrgebiet nur noch wenige Betriebe, für die die Steinkohle ein bedeutsamer Standortfaktor ist. Dafür werden andere Standortfaktoren immer wichtiger: zum Beispiel gut ausgebildete Arbeitskräfte oder eine problemlose Anbindung an Autobahnen, Eisenbahnlinien, Wasserwege und Luftlinien.

M5 *Ruhrgebiet*

1 a) Beschreibe, wofür die Steinkohle gebraucht wird (M1).
b) Erkläre, weshalb man die Steinkohle auch als einen wichtigen Rohstoff bezeichnet.

2 Fertige eine Liste der Länder in Europa an, in denen es Steinkohlenvorkommen gibt (Atlas, Karte: Europa – Wirtschaft und Energie).

3 Bildet Vierergruppen.
a) Wählt zwei Standortfaktoren aus M2 aus.
b) Erklärt, weshalb diese Standortfaktoren für einen Betrieb wichtig sein können.

4 Bestimme die Namen der Städte, Flüsse und Kanäle in M4 (Atlas).

Wie arbeitet ein Kohlebergwerk? – Das kannst du aus dem Internet erfahren

Schlägel und Eisen – Symbol der Bergleute

Früher bestimmten Kohlenbergwerke (Zechen) das tägliche Leben im Ruhrgebiet. Zechen gab es an vielen Orten. In den vergangenden Jahrzehnten wurden die meisten Zechen stillgelegt. Trotzdem kann man heute noch Informationen über die Arbeit unter der Erde bekommen, nämlich aus dem Internet.

Ein Beispiel dafür ist die „virtuelle Grubenfahrt" unter der Adresse „www.rag-deutsche-steinkohle.de". „Virtuell" heißt, dass die Grubenfahrt elektronisch am Computer stattfindet, also nicht in Wirklichkeit. Man kann am Computer sitzend an Stellen – 1000 m tief unter der Erdoberfläche – gelangen, die man sonst nie besuchen könnte. Während der Grubenfahrt erklärt ein Bergmann viele interessante Geschehnisse „über Tage" und „unter Tage", wie die Bergleute sagen. Außerdem werden Fotos und Filme gezeigt.

Gerade im Bergbau werden viele Fachwörter benutzt, zum Beispiel „Zeche" oder „Grube" für das Kohlenbergwerk sowie „Kaue", „Streb", „Stollen" oder „Schlagwetter". Auch diese Begriffe kann man sich über das Internet erklären lassen. Dazu gibt es **virtuelle Lexika.** In einem virtuellen Lexikon findet man Informationen zu Hunderttausenden von Begriffen. Doch Vorsicht! Die Angaben im Internet sind nicht immer ganz zuverlässig. Im größten virtuellen Lexikon „Wikipedia" kann zum Beispiel jeder einen Beitrag schreiben, ohne dass dieser von Fachleuten auf Richtigkeit überprüft wird.

INFO

Internet

Das Internet ist eine Vernetzung von Millionen Computern in aller Welt. Die Verbindungen werden über Kabel, Funk oder Satelliten hergestellt. Das Internet bietet zahlreiche Nutzungsmöglichkeiten, wie den Austausch von E-Mails, das Chatten, das Versenden von Daten, die schnelle Informationsbeschaffung, Online-Spiele, Online-Shopping und die Kommunikation über soziale Netzwerke. Das Internet hat einen festen Platz im Alltag vieler Menschen eingenommen.

M1 *Die „virtuelle Grubenfahrt"*

INTERNET

www.rag-deutsche-steinkohle.de
(Hier findest du unter „Multimedia" u.a. die „virtuelle Grubenfahrt", Online-Spiele, Videos und sogar Klingeltöne.)
www.wissen.de

Einrichtungen über Tage:

① Förderturm/Fördergerüst
② Belüftungsanlage
③ Fördermaschine
④ Förderband
⑤ Kohlenwäsche
⑥ Kohlenbunker
⑦ Zechenbahn
⑧ Kraftwerk

Einrichtungen unter Tage:

ⓐ Schacht
ⓑ Förderkorb (Personen/Material)
ⓒ Flöz
ⓓ Streb
ⓔ Walzenschrämlader
ⓕ Schilde (Schildausbau)
ⓖ Güterzug mit Kohle
ⓗ Förderband

M2 *Ein Steinkohlenbergwerk*

1 Wie sind die Steinkohlenflöze entstanden? Lass es dir in der „virtuellen Grubenfahrt" erklären. Schreibe jeweils einen Satz zu den drei Abschnitten der Entstehung eines Flözes.

2 Schau dir die 360°-Fotos der beiden Füllorte an. Berichte, was du siehst.

3 Erkläre mithilfe eines virtuellen Lexikons die folgenden Begriffe:
- Kaue
- Streb
- Stollen
- Schlagwetter

4 Schreibe einen Lexikonartikel zu dem Begriff „Zeche". Nimm als Informationsquellen: dieses Buch, ein gedrucktes Lexikon, „Wikipedia" und „wissen.de".

M1 *Züge mit Dampflokomotiven verkehrten in Westdeutschland bis 1977. Die Loks führten Kohle und Wasser mit. Mit der Kohle wurde ein Kessel beheizt. Dieser erzeugte aus dem Wasser Wasserdampf zum Antrieb einer Dampfmaschine.*

Wenn man weniger Rohstoffe braucht, wandelt sich der Standort

In vielen Ländern war und ist Kohle ein wichtiger Standortfaktor für Industriebetriebe. In Deutschland stieg die Nachfrage nach diesem Rohstoff lange Zeit ständig an. Doch seit rund 50 Jahren wird immer weniger Kohle benötigt.
Dafür gibt es im Wesentlichen drei Gründe.

1. Bequemlichkeit:
Immer weniger Menschen wollen schwarze, staubige Kohlen zu ihrem Ofen in die Wohnung tragen oder die Asche entsorgen. Sie möchten lieber an Öl- oder Gasheizungen angeschlossen sein.

2. Technische Neuerungen
Überall dort, wo man bisher viel Kohle verwendete, verringern neue Techniken den Rohstoffverbrauch. So wird bei der Verhüttung von Eisenerz oder bei der Herstellung von elektrischem Strom immer weniger Kohle verbraucht.

3. Hoher Preis
Die Förderung der Kohle im Ruhrgebiet ist teuer, vor allem weil sie in großer Tiefe abgebaut wird und die Flöze nicht sehr mächtig sind. Ausländische Kohle dagegen ist billig, besonders wenn sie im Tagebau abgebaut wird oder wenn die Löhne der Bergarbeiter niedrig sind.

Weil immer weniger Kohle gebraucht wurde, mussten viele Bergwerke ihre Produktion einstellen. Zahlreiche Bergarbeiter wurden entlassen. Zum Teil fanden sie anderswo Arbeit.
Arbeitskräfte musste man jedoch auch in anderen Betrieben entlassen. Das waren zum Beispiel solche, in denen Maschinen für den Abbau der Kohle hergestellt wurden, oder Geschäfte und Gaststätten, denen nun die Kunden fehlten.

M2 *Im Duisburger Hafen. Hier wird gerade Kohle aus Kolumbien entladen. Sie wurde mit einem Schiff nach Rotterdam befördert. Von dort ist sie mit der Bahn nach Duisburg transportiert worden.*

Weniger Kohle – starker Wandel im Ruhrgebiet

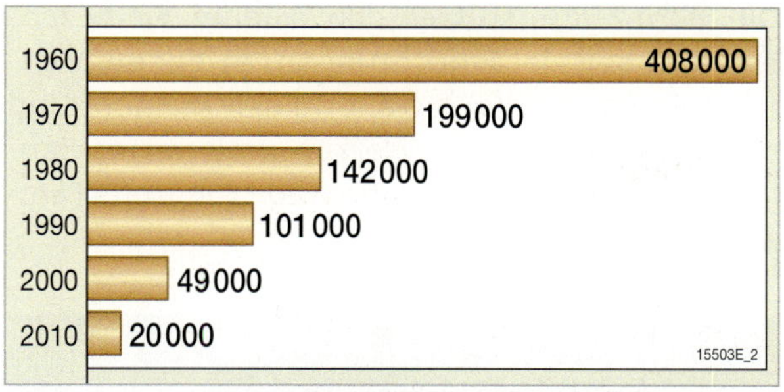

M3 *Zahl der im Bergbau Beschäftigten im Ruhrgebiet*

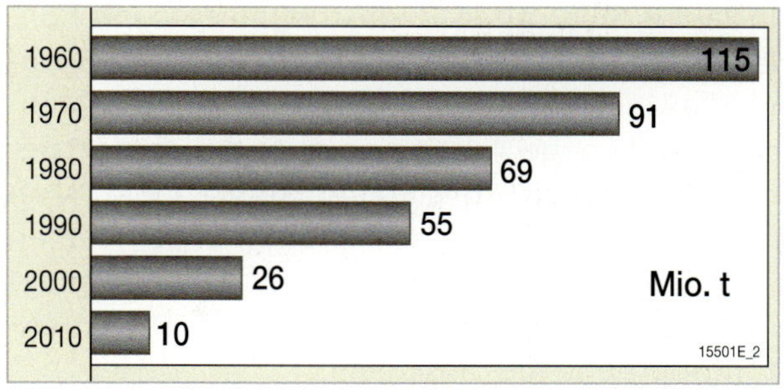

M6 *Förderung von Steinkohle im Ruhrgebiet*

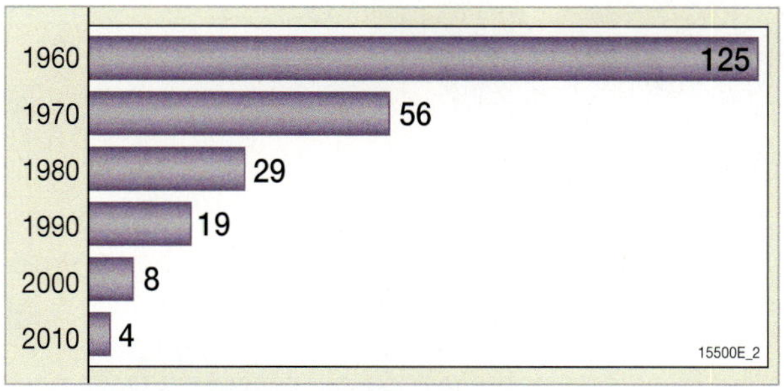

M4 *Zahl der Zechen im Ruhrgebiet*

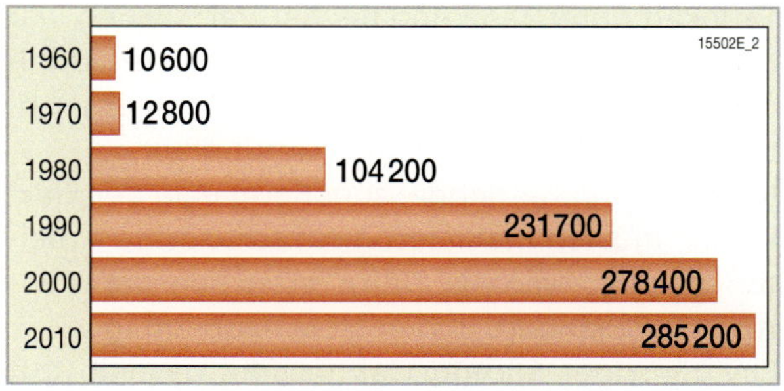

M7 *Zahl der Arbeitslosen im Ruhrgebiet*

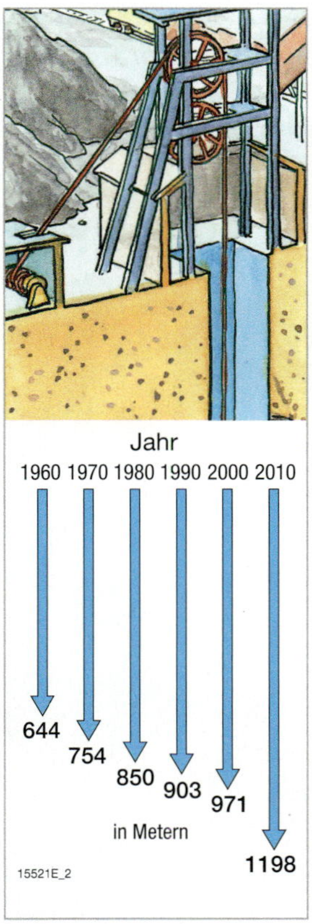

M5 *Mittlere Abbautiefe der Zechen im Ruhrgebiet*

1 a) Erstelle eine Deutschlandkarte und zeichne dort die Lage von Hamburg und dem Ruhrgebiet ein.
b) Ermittle mithilfe des Atlas die Entfernung zwischen Hamburg und einer Stadt im Ruhrgebiet.

2 Nenne die wesentlichen Gründe dafür, dass man in Deutschland immer weniger Steinkohle verbraucht hat.

3 Der Standortfaktor „Rohstoff" hat im Ruhrgebiet immer mehr an Bedeutung verloren. Beschreibe Auswirkungen.

4 Viele ältere Leute haben ihre Wohnung früher noch mit Kohle beheizt. Erkundigt euch bei ihnen,
a) welche Arbeiten sie im Einzelnen durchführen mussten, um es vor allem im Winter in der Wohnung warm zu haben;
b) was sie persönlich empfunden haben, als Kohle durch Erdöl oder Erdgas ersetzt wurde.
c) Stellt eure Ergebnisse mithilfe von Texten, Fotos und Zeichnungen dar.

5 Ausländische Kohle ist deutlich billiger als einheimische Kohle. Begründe dies und beschreibe Folgen für das Ruhrgebiet.

INTERNET

www.ruhrgebiet-regionalkunde.de

DAS RUHRGEBIET

Gut ausgebildete Arbeitskräfte – ein wichtiger Standortfaktor

In zahlreichen „alten" Industriegebieten mit Kohle-, Eisen- und Stahlproduktion mussten Bergwerke und Fabriken schließen. Damit die Menschen eine neue Arbeit finden und nicht fortziehen, müssen sich die Standorte wandeln. Man muss Ersatz für die geschlossenen Unternehmen schaffen. Man muss dafür sorgen, dass sich andere Industrieunternehmen und auch Dienstleistungsbetriebe hier ansiedeln.

Für dieses Vorhaben spielen die **Arbeitskräfte** eine große Rolle. Auch sie müssen sich umstellen. Ihre Tätigkeit unter Tage und bei der Verhüttung war oft anstrengend und ungesund. Eine gute Ausbildung war für diese Art der Arbeit weniger wichtig als eine gute und robuste Gesundheit.

In den neuen Betrieben, zum Beispiel in der Elektronik, müssen mehr technisch schwierige Arbeiten erledigt werden. Dafür brauchen die Menschen eine längere und bessere Ausbildung.

Ein günstiger Standortfaktor sind deshalb gut ausgebildete Arbeitskräfte. Wenn es genug von ihnen gibt, ist das ein wichtiger Grund für Unternehmen, sich in „alten" Industriegebieten anzusiedeln.

Die Städte unterstützen den Wandel. Sie bezahlen zum Beispiel Einrichtungen, in denen Menschen lernen und sich weiterbilden können. Und sie bieten den neuen Werken preiswertes Bauland an oder bauen Verkehrswege für große Fahrzeuge.

M2 *Die anstrengende Arbeit bei der Verhüttung*

M1 *Moderne Ausbildung (hier zum Kfz-Mechatroniker bei Mercedes in Dortmund)*

Ruhrgebiet – neue Anforderungen und neue Arbeitskräfte

M3 *Charlie Chaplin präsentiert die Stars des Movie Parks: Scrat, Sid und Diego stammen aus dem erfolgreichen Film Ice Age. Weitere Personen sind Helden der Stunt-Show. Die lustigen Figuren der Movie-Truppe zeigen in ihrer Show im Kinderland, was beim Film so alles schiefgehen kann.*

Jahr	Landwirtschaft	Industrie/ Bergbau	Dienstleistungen
1970	34000	1286000	882000
1990	26000	964000	1181000
2009	12000	615000	1600000

◁ **M4** *Beschäftigte im Ruhrgebiet nach Wirtschaftsbereichen*

„Herr Kowalski, sind Sie schon lange beim Movie Park als Elektriker beschäftigt?"
„Ja. Bis 1997 habe ich in einem Stahlwerk in Oberhausen gearbeitet. Dann hat man mich entlassen. Anschließend wurde ich zum Starkstromelektriker umgeschult. Und ich hatte großes Glück! Denn bald darauf fand ich hier einen neuen Arbeitsplatz."

„Gefällt Ihnen Ihre Arbeit?"
„Ja, sie ist interessant, aber auch sehr schwierig. Das liegt vor allem an der komplizierten Technik, mit der hier alles vollgestopft ist. Nehmen Sie nur die zahlreichen Puppen und Figuren. Es hat nach meiner Umschulung noch eine ganze Weile gedauert, bis ich die elektrischen Anlagen genau kannte und sie reparieren konnte."

„Haben Sie keine Angst vor erneuter Arbeitslosigkeit?"
„Nein, gar nicht. Mein Arbeitsplatz ist sicher, weil die Menschen auch in Zukunft mehr Freizeit haben werden. Der Park wird ausgebaut, weil immer mehr Besucher kommen. Dann stellt man eher noch mehr Arbeitskräfte ein, statt welche zu entlassen."

M5 *Auszug aus einem Interview mit Herrn Kowalski*

1. Viele „alte" Industriegebiete müssen sich wandeln, wenn die Menschen hier weiterhin zufrieden leben und Arbeit finden sollen.
   a) Beschreibe, was bei diesem Wandel passiert.
   b) Erkläre, was eine längere und bessere Ausbildung der Menschen mit diesem Wandel zu tun hat.

2. „Der Wandel eines Industriegebietes ist ohne den Wandel der Arbeitskräfte nicht möglich."
   Beurteile, ob Herr Kowalski ein gutes Beispiel für diese Aussage ist (M5).

3. Gute Ausbildungsmöglichkeiten sind ein wichtiger Standortfaktor. Erkläre, weshalb der Bau von Universitäten und anderen Ausbildungsstätten wichtig für einen Standort ist.

4. Erkläre, weshalb bei dem Wandel „alter" Industriegebiete häufig der Anteil von Dienstleistungsbetrieben zunimmt.

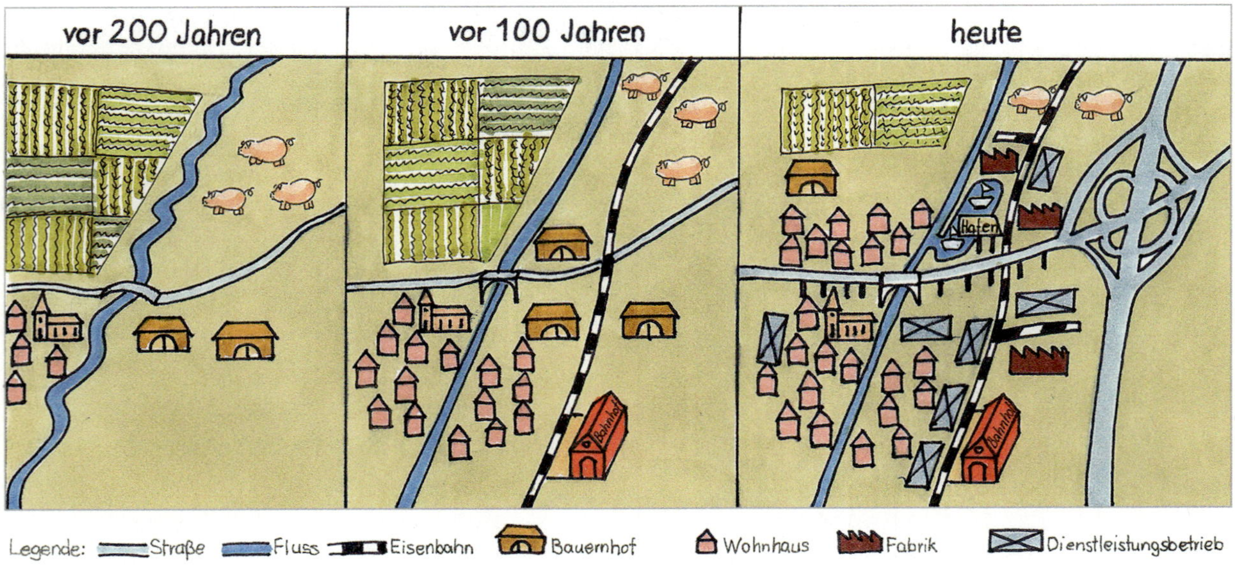

M1 *Entwicklung eines Raumes innerhalb von 200 Jahren (Schülerzeichnung)*

Die Verkehrslage – ein wichtiger Standortfaktor

„Zeit ist Geld." Dieser Satz gilt besonders für den Transport von Gütern. Denn diese müssen häufig zu einem bestimmten Zeitpunkt an einem bestimmten Ort sein.

In **Verkehrsknotenpunkten** können Güter besonders schnell umgeschlagen werden. Hier kommen nämlich mehrere verschiedene **Verkehrswege** zusammen. Zu ihnen gehören Straßen, Eisenbahnlinien, Wasserwege und Luftwege. Diese sind meistens miteinander verbunden. Güter können so von einem **Verkehrsmittel** auf ein anderes umgeladen werden, zum Beispiel vom Schiff auf Eisenbahnwaggons oder Lkw.

In Industriegebieten braucht man besonders viele Güter. Diese werden auf unterschiedlichen Verkehrswegen rasch an- und abtransportiert. Die einzelnen Betriebe brauchen verschiedene Verkehrsanbindungen:

Betriebe, die schwere Güter in großen Massen benötigen, brauchen einen Hafen- und einen Bahnanschluss. Betriebe, die Klein- und Ersatzteile über große Entfernungen verschicken wollen, müssen verkehrsgünstig zu einem Flughafen liegen. Von hier aus können die Produkte rasch zu Zielen in der ganzen Welt gelangen.

Die meisten Güter lassen sich jedoch am schnellsten und bequemsten mit Lastwagen transportieren. Von daher brauchen Industriegebiete große, mehrspurige Straßen und gute Anbindungen an das Autobahnnetz.

INFO

Verkehrsinfrastruktur

Verkehrsinfrastruktur meint all die Einrichtungen, die dem Transport von Personen und Gütern dienen. Gäbe es diesen Begriff nicht, müssten die Einrichtungen alle einzeln aufgezählt werden. Zu ihnen gehören zum Beispiel Straßen, Häfen, Lkws, Eisenbahnschienen, Flughäfen, Ampeln und Straßenbahnen. Der Begriff Verkehrsinfrastruktur wird im Geographieunterricht häufig verwendet.

Eine gut ausgebaute Verkehrsinfrastruktur ist eine wichtige Grundlage für die Entstehung eines Industriegebietes. Von daher ist sie auch ein wichtiger Standortfaktor. Mit ihrer Hilfe können Güter rasch innerhalb eines Gebietes sowie in dieses hinein oder aus diesem heraus transportiert werden. Die Verkehrsinfrastruktur ist damit eine wichtige Voraussetzung für die Versorgung von Industrie- und Dienstleistungsbetrieben in einer Region.

Den Transport und die Verteilung der Güter leisten in der Regel **Logistikunternehmen**. Sie sind Dienstleistungsbetriebe rund um den Transport von Gütern. Sie nehmen zum Beispiel neu hergestellte Güter in Empfang. Dann transportieren sie sie auf dem schnellsten Weg dorthin, wo man sie braucht.

M2 *Die Verkehrswege Schiene, Straße und Wasserweg laufen im Duisburger Hafen zusammen. Dieses Zusammentreffen ist eine wichtige Voraussetzung dafür, dass Güter schnell umgeladen und weitertransportiert werden können – sogar nachts.*

„Der Duisburger Hafen liegt im Ruhrgebiet am Zusammenfluss von Rhein und Ruhr. Jede Stunde werden hier fast 10 000 t umgeschlagen. Damit ist er der größte Binnenhafen der Welt. „Binnenhafen" bedeutet, dass er nicht an der Küste, sondern im Inneren eines Landes liegt.
Die meisten Güter im Duisburger Hafen sind Containergüter. Dann folgen Kohle und Stahl.
Der Duisburger Hafen ist ein Verkehrsknotenpunkt an Europas wichtigster Wasserstraße. Über den Rhein ist der Hafen direkt an die Nordseehäfen Amsterdam, Rotterdam und Antwerpen angebunden. Über Flüsse und Kanäle, über Schienenwege und Autobahnen sind vom Duisburger Hafen aus bequem alle wichtigen Industriegebiete in Europa zu erreichen.

M3 *Der Duisburger Hafen*

1 Nenne fünf Verkehrsmittel sowie die Verkehrswege, auf denen sie unterwegs sind.

2 Notiere zehn deutsche Städte, mit denen das Ruhrgebiet über Schiene und Autobahn verbunden ist (Atlas, Karte: Deutschland – Verkehr).

3 Beschreibe und erläutere den Wandel der Landschaft (M1).

4 Erkläre, weshalb man den Duisburger Hafen als „Güterdrehscheibe" bezeichnet (M4).

5 a) Nenne einen Betrieb, der deiner Meinung nach auf eine gute Verkehrsinfrastruktur angewiesen ist.
b) Begründe, weshalb eine gute Verkehrsinfrastruktur ein wichtiger Standortfaktor für ein Wirtschaftsgebiet ist.

INTERNET

www.duisport.de

duisport
excellence in logistics

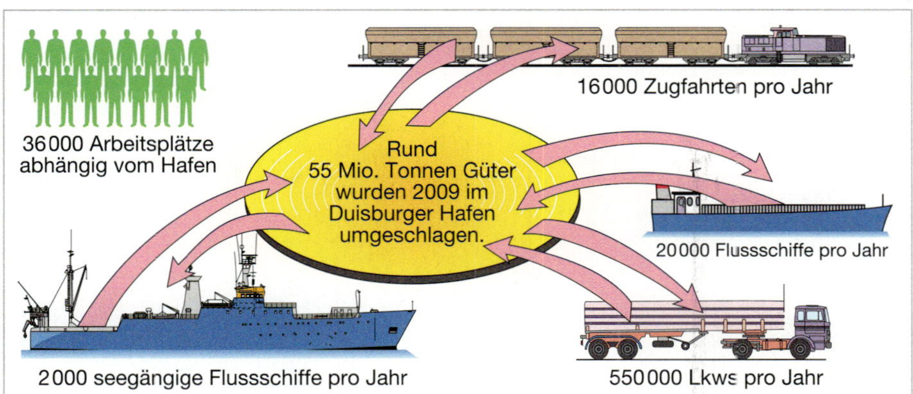

M4 *Der Duisburger Hafen als Güterdrehscheibe*

Diagramme zeichnen und lesen

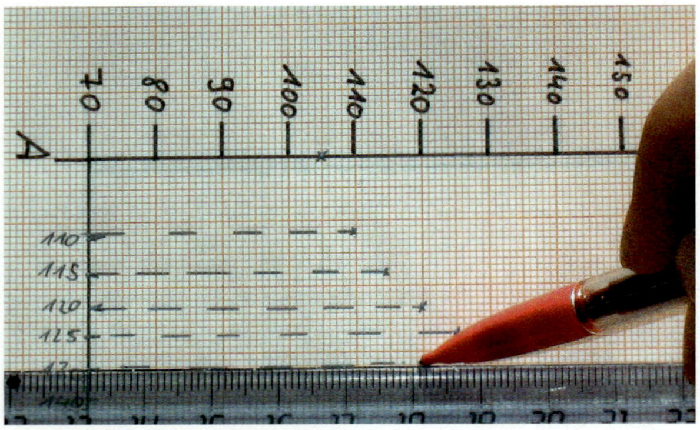

M1 *Ein Diagramm zeichnen*

Diagramme veranschaulichen Zahlen

Tabellen wirken oft unübersichtlich. Anschaulicher ist es, wenn die Zahlen aus Tabellen in Diagramme (Zahlenbilder) umgezeichnet sind.

Mit einem **Säulendiagramm** kannst du Zahlen eines Jahres gut miteinander vergleichen. Je größer eine Zahl ist, desto höher ist die senkrechte Säule.

Diagramme, bei denen die Säulen waagerecht liegen, sind Balkendiagramme.

Willst du eine Entwicklung über mehrere Jahre darstellen, eignet sich am besten ein **Kurvendiagramm**.

Region/Land	2009
Ruhrgebiet	11
Deutschland	15
Ukraine	72
Kolumbien	73
Polen	78
Kasachstan	96
Russland	232
Südafrika	250
Indonesien	254
Australien	348
Indien	532
USA	907
China	2930

M2 *Förderung von Steinkohle (in Mio. t)*

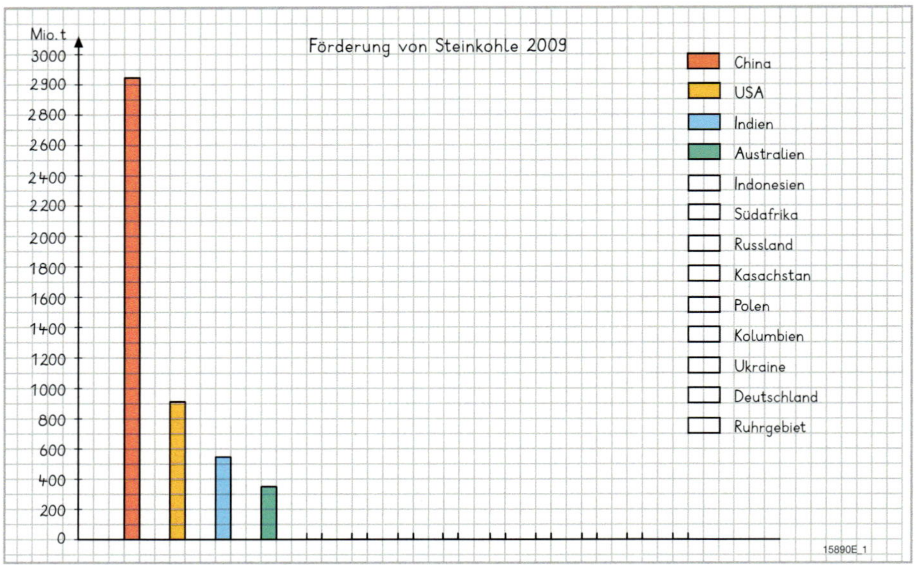

M4 *Säulendiagramm zu M2*

Region/Land	1955	1965	1975	1985	1995	2010
Ruhrgebiet	16	25	24	23	19	19
Deutschland	25	37	40	41	42	44
China	3	12	24	47	95	627
Japan	9	41	102	105	102	110
USA	106	120	106	80	95	81

M3 *Erzeugung von Rohstahl (in Mio. t)*

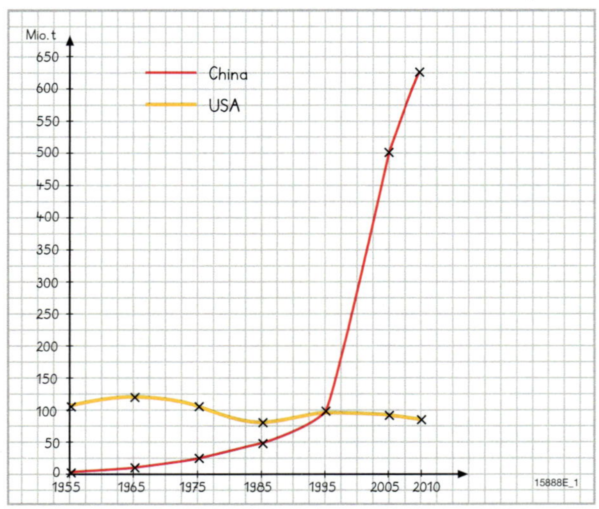

M5 *Kurvendiagramm zu M3*

METHODE

Fünf Schritte zum Zeichnen eines Säulendiagramms

1. Zeichne eine waagerechte Linie am unteren Blattrand und eine senkrechte Linie am linken Blattrand. Diese beiden Linien müssen genau im rechten Winkel zueinander stehen. Sie bilden das Achsenkreuz.
2. Auf der senkrechten Achse werden die Zahlenwerte eingetragen (z. B. Steinkohlenförderung in Mio. t). Die Achse beginnt immer bei Null. Sie muss so lang sein, dass sie über den höchsten Wert hinausreicht, damit man auch diesen Wert gut ablesen kann.
3. Zeichne die Säulen für jeden Zahlenwert ein. Beginne mit dem größten Wert. Eine Säule ist 1 cm oder zwei Rechenkästchen breit. Zwischen den einzelnen Säulen bleiben 0,5 cm oder ein Rechenkästchen frei.
4. Färbe die Säulen ein und beschrifte sie.
5. Gib dem Diagramm eine passende Überschrift.

Fünf Schritte zum Zeichnen eines Kurvendiagramms

Schritt 1 und **Schritt 2** sind die gleichen wie beim Säulendiagramm (siehe oben).

3. Trage auf der waagerechten Achse die Jahreszahlen ein. Die Abstände zwischen gleich langen Zeitabständen müssen gleich groß sein.
4. Trage für jeden Zahlenwert ein Kreuz in der richtigen Höhe über der jeweiligen Jahreszahl ein.
5. Verbinde die einzelnen Kreuze von Hand mit einer Linie.

Drei Schritte zum Lesen eines Diagramms

Wenn du Diagramme liest, das heißt sinnvoll beschreibst, gehst du folgendermaßen vor:

1. Nenne das Thema des Diagramms. Beachte die Unterschrift. (Beispiel M2/M4: Förderung von Steinkohle 2009)
2. Gib einen Überblick darüber, was das Diagramm verdeutlicht. (Beispiel M5: Das Diagramm zeigt für die Zeit von 1955 bis 2010, wie viel Rohstahl erzeugt wurde.)
3. Weise auf Besonderheiten hin, die dir auffallen. (Beispiel M5: In China ist die Produktion von Stahl seit 1955 sehr stark angestiegen.)

M6 *Materialien, die du zum Zeichnen brauchst*

Jahr	Landwirtschaft	Industrie	Dienstleistungen
	Beschäftigte in 1 000		
1970	2 400	13 000	10 900
1980	1 400	12 200	13 300
1990	1 100	11 900	16 400
2000	1 000	12 000	23 500
2010	850	10000	29 800

M7 *Deutschland: Beschäftigte nach Wirtschaftsbereichen*

1 Du willst mit einem Diagramm zeigen, wie viele Mädchen und Jungen es in deiner Klasse gibt.
a) Welches Diagramm würdest du zeichnen?
b) Welche Überschrift würdest du dem Diagramm geben?

2 a) Zeichne ein Säulendiagramm zu M2. Überlege dir eine sinnvolle Einteilung auf der senkrechten Achse.
b) Welche Vorteile hat das Diagramm im Vergleich zur Tabelle?

3 Zeichne ein Säulendiagramm zu M3.

4 a) Übertrage das Kurvendiagramm M5 auf ein Blatt mit Kästchen.
b) Zeichne zusätzlich mithilfe von M3 die Rohstahlerzeugung der anderen Länder und des Ruhrgebietes ein.
c) Ergänze die Legende und gib dem Diagramm eine passende Überschrift.

5 Zeichne ein Diagramm, das die Aufteilung der Beschäftigten nach Wirtschaftsbereichen in Deutschland zeigt (M7).

METHODE

Im Hamburger Hafen

M1 *Hamburgs Verkehrsverbindungen*

M2 *Die „Ever Strong"*

Der Hamburger Hafen – ein Warenumschlagplatz

Eine Kanzel aus Panzerglas 40 m über der Erde, das ist der Arbeitsplatz von Jürgen Alsen. Von hier be- und entlädt er die Containerschiffe am Burchardkai. Er bedient die Katzbrücke, einen riesigen Kran auf Schienen. So entlädt er bis zu 30 **Container** pro Stunde.

Die „Ever Strong", ein Frachtschiff aus Taiwan, ist pünktlich am Kai und sofort beginnen die Entladearbeiten. Die für Hamburg bestimmten 2500 Container werden auf Kaianlagen gesetzt und gleich mit Carriern abtransportiert. Diese Greifer auf Rädern bringen die Container an den vorausbestimmten Platz. Der Fahrer erfährt den Platz per Computer. Ist das Schiff entladen, beginnt sofort das Beladen. Die Carrier holen die für das Schiff bestimmten 1200 Container vom Lagerplatz. Die Katzbrücke belädt das Schiff so schnell es geht – Zeit ist kostbar. Für den Aufenthalt der „Ever Strong" müssen über 60000 Euro bezahlt werden. Computer speichern alle Daten der Schiffsladungen. Deshalb kann für jedes Schiff ein Platz in einem passenden **Terminal** reserviert werden. Die Terminals sind ausgerüstet mit Gleisanschluss, Straßen und Schuppen, Tanklagern, Silos oder großen Freiflächen, auf denen man die Container abstellen kann. Die meisten **Stückgüter**, die in Hamburg abgefertigt werden, sind in Containern verpackt. Manche Güter werden auf Stückgutfrachtern mit einer besonderen Ausrüstung zum Be- und Entladen transportiert. Dazu zählen zum Beispiel riesige Motoren, Maschinenteile oder Eisenbahnwaggons. Sie werden in bestimmten Terminals umgeschlagen. Hamburg hat einen Universalhafen, das heißt, neben dem Containern werden auch Saug-, Flüssig-, Greif- und Schüttgüter umgeschlagen.

Auch die **Massengüter** haben ihre Terminals. Dort werden Kohle und Erze zum Beispiel mit großen Schaufelradbaggern und Kränen gelöscht. **Flüssiggüter** wie Mineralöl werden in Tanks gepumpt und Getreide mit sogenannten Getreidehebern in Silos befördert.

INFO

Hamburg Port Authority

Die Hamburg Port Authority (HPA) ist verantwortlich für die gesamte Infrastruktur im Hafen. Sie ist Ansprechpartner für alle Fragen der wasser- und landseitigen Infrastruktur, der Sicherheit des Schiffsverkehrs, der Hafenbahnanlagen, des Immobilienmanagements und der wirtschaftlichen Bedingungen im Hafen. Dazu stellt die HPA die erforderlichen Flächen bereit und übernimmt alle hoheitlichen Aufgaben.

HPA Hamburg Port Authority

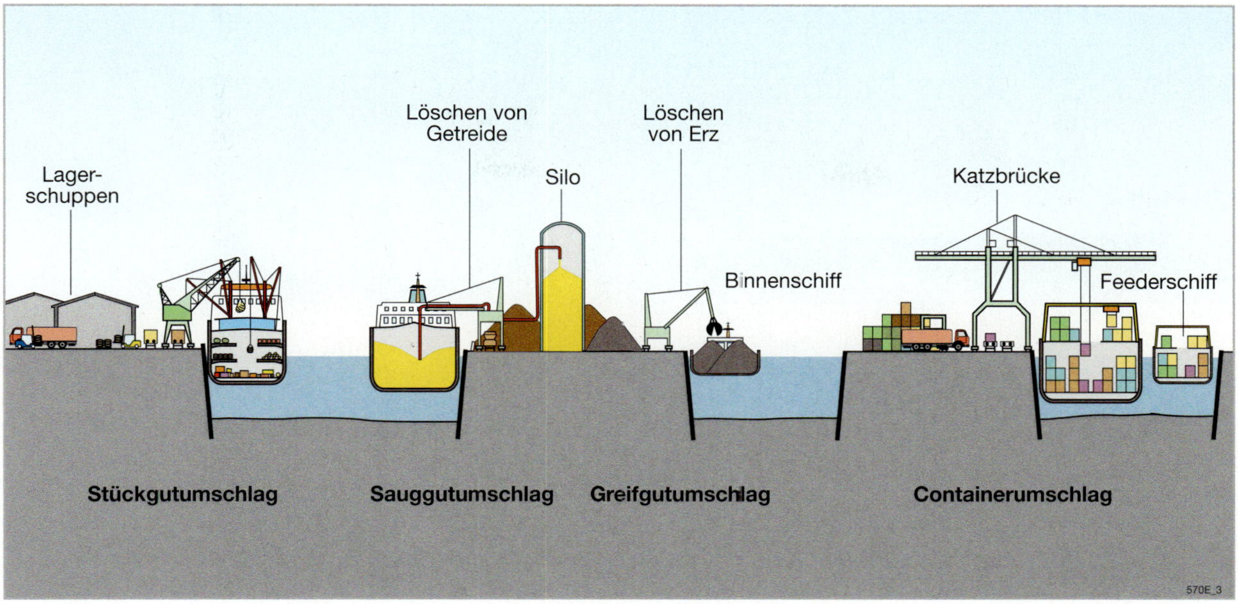

M3 *Verladen von Gütern. Feederschiffe sind spezielle Frachtschiffe, die unter anderem Container oder Autos zwischen großen Seeschiffen und dem Hafen transportieren.*

- Hafengebiet: 7155 ha (4198 ha Landflächen und 2957 ha Wasserflächen); 104 km vom Meer entfernt
- 60 Hafenbecken, vier Containerterminals
- Kaimauer für Seeschiffe: 37,5 km
- Liegeplätze für Seeschiffe: ca. 320
- 132 km öffentliche Straßen, 304 km Gleise
- 166 000 direkt oder indirekt vom Hafen abhängige Arbeitsplätze in Hamburg
- ankommende Seeschiffe (2009): 10 200
- zulässiger Schiffstiefgang: 15,1 m
- Gesamtumschlag: 121,2 Mio. t (2010)
- Weitertransport täglich durch ca. 200 Güterzüge, 6000 Lkw, 35 Zulieferschiffe (Feederschiffe)
- Anteil der Container am Stückgut: 96,8 Prozent (2010)
- Wichtigster Außenhandelspartner im Containerverkehr: China

M4 *Der Hamburger Hafen in Zahlen (Mai 2011)*

M5 *Löschen (Entladen von Schiffen) am Burchardkai*

1 Der Hamburger Hafen liegt im Landesinneren. Schreibe Vor- und Nachteile auf.

2 Beschreibe die Verbindungen Hamburgs ins Hinterland (Atlas, M1).

3 Durch die Verkehrsverbindung nach Lübeck und Kiel gilt Hamburg als Hafen von zwei Meeren. Erkläre.

4 a) Notiere drei Güter, die Containern transportiert werden.

b) Erläutere mithilfe des Textes und M3 das Löschen von Greifgut, Stückgut (einzeln) und Containern.

M1 *Das Containerschiff „Ever Champion" aus Taiwan wurde 2005 gebaut. Es ist 334 m lang, 43 m breit und hat einen Tiefgang von 14,5 m. Seine Reisegeschwindigkeit beträgt ca. 40 km/h. Im Vordergrund fährt ein Schlepper, der beim „Einparken" hilft. Im Hintergrund ist der Containerterminal Altenwerder zu sehen.*

Containerverkehr

Hein Martens arbeitet seit 40 Jahren im Hamburger Hafen. Er hat einen abwechslungsreichen Beruf, denn er ist Kapitän einer Barkasse. Das ist ein Boot, mit dem Touristen durch den Hafen gefahren werden. Während der Tour erzählt er seinen Gästen allerhand Interessantes rund um den Hafen. Dabei schmückt er seine Geschichten gern mit hemmungslosen Übertreibungen oder kleinen Lügen aus. Deshalb haben die Hamburger ihm und seinen Kollegen den Spitznamen „He lücht" (er lügt) gegeben. Aber am besten lassen wir ihn mal selbst erzählen:

„Als ich hier in den 1960er-Jahren anfing, da war vielleicht was los im Hafen! Zum Schichtwechsel an den Kais oder bei der Werft Blohm und Voss sah man Tausende von Männern zu ihren Arbeitsplätzen strömen. Heute sind die Kais ja menschenleer. Da sitzt nur noch einer in der Containerbrücke und holt damit die Blechkisten vom Schiff. Ansonsten läuft das alles automatisch.

Früher mussten unzählige Arbeiter die Frachter entladen, da war noch viel Handarbeit dabei. Für die Seeleute war das prima. Die hatten erst mal ein paar Tage Landgang und ließen sich in den Bars von St. Pauli die Heuer (Gehalt) aus der Tasche ziehen. Das gibt es heute nicht mehr. Ihr wollt wissen warum? Schuld ist die sogenannte Containerrevolution in den 1970er-Jahren.

Seht euch mal den Pott hier an, das ist die Ever Champion aus Taiwan, ganz neu (M1). Die kann über 8000 Container transportieren.

Jetzt glaubt mal nicht, die würde lange im Hafen bleiben. Wie die meisten Schiffe liegt auch dieser Ozeanriese nur einen Tag am Kai zum Ent- und Beladen. Die Containerbrücken am neuen Terminal Altenwerder schaffen 50 Container in einer Stunde und arbeiten rund um die Uhr. Zeit ist Geld in der Seefahrt. Denn so ein Schiff ist sehr teuer und Gewinn bringt es nur, wenn es Waren transportiert. Das Liegen im Hafen kostet nur, also geht es so schnell wie möglich rein und wieder raus. Häufig gehen die Seeleute nur mal kurz runter vom Schiff, um sich im Hafen die Beine zu vertreten. Und wenn sie nach fünf Minuten zurückkommen, ist ihr Schiff schon weg. Das fällt dem Kapitän dann erst auf hoher See auf. Das ist dann halt Pech."

Hein „He lücht" Martens grinst und augenzwinkernd steuert er seine kleine Barkasse an den Containerriesen vorbei.

M2 *Standardcontainer*

M3 *Hafenrundfahrt im Hamburger Hafen*

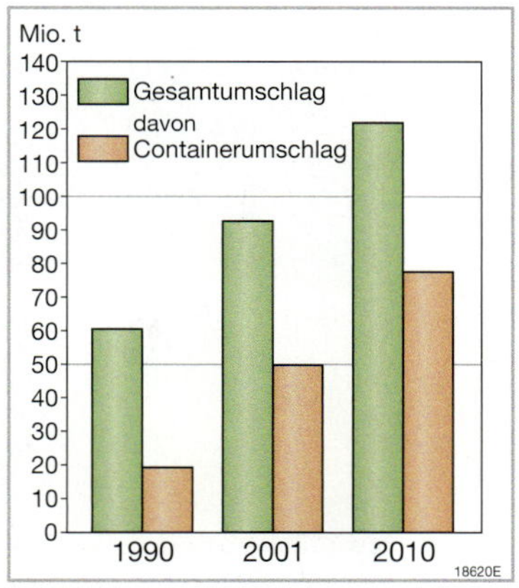

M5 *Gesamt- und Containerumschlag im Hamburger Hafen*

INTERNET

www.hafen-hamburg.de

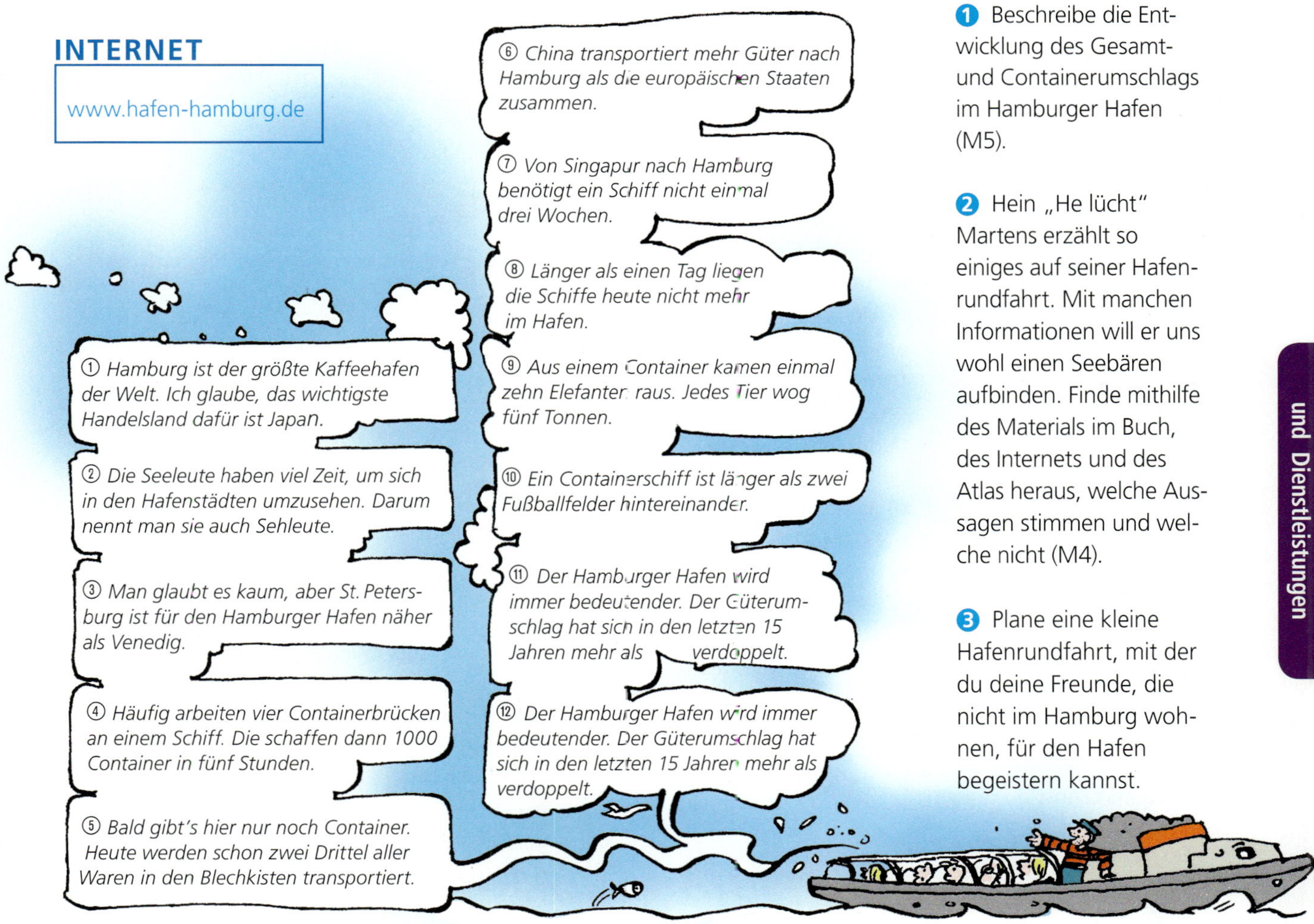

M4 *Was man bei einer Hafenrundfahrt so alles erfährt*

1 Beschreibe die Entwicklung des Gesamt- und Containerumschlags im Hamburger Hafen (M5).

2 Hein „He lücht" Martens erzählt so einiges auf seiner Hafenrundfahrt. Mit manchen Informationen will er uns wohl einen Seebären aufbinden. Finde mithilfe des Materials im Buch, des Internets und des Atlas heraus, welche Aussagen stimmen und welche nicht (M4).

3 Plane eine kleine Hafenrundfahrt, mit der du deine Freunde, die nicht im Hamburg wohnen, für den Hafen begeistern kannst.

Wir arbeiten mit einer thematischen Karte

M1 *Bei der Arbeit mit dem Atlas*

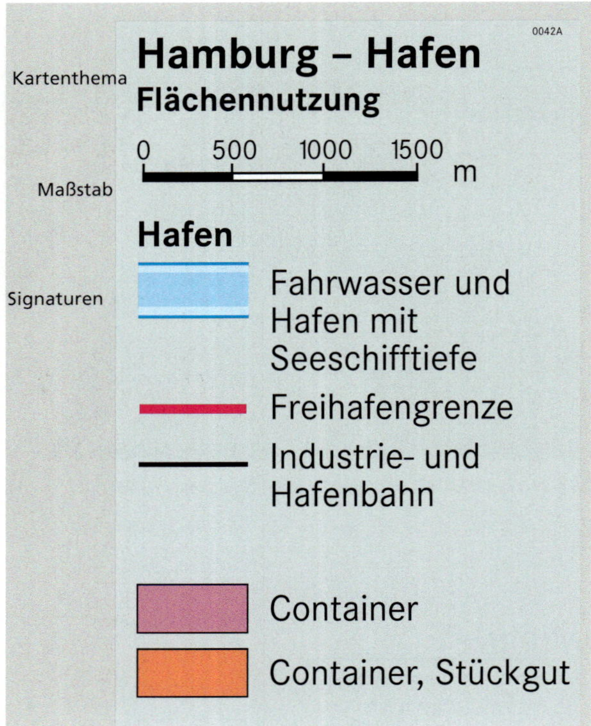

M2 *Ausschnitt aus der Legende zur Karte „Hamburg – Hafen"*

❶ Beschreibe die einzelnen Bilder in M3. Nenne jeweils die Signatur, die sich auf das Bild bezieht.

❷ Übe den Umgang mit der thematischen Karte, indem du sie nach der Anleitung beschreibst (nur Schritt 1–3).

❸ Verknüpfe dein Wissen über den Hamburger Hafen mit der Karte, indem du folgende Fragen beantwortest:
a) Woran kannst du erkennen, dass der Containerumschlag von besonderer Bedeutung ist?
b) Welche Verkehrsanbindungen sind für den Hafen besonders wichtig?
c) Hamburg liegt nicht am Meer. Warum ist es trotzdem möglich, dass große Containerschiffe den Hafen anlaufen können?
d) Welche Bedeutung hat der Hafen als Standort für die Industrie?

Fünf Schritte zur Auswertung einer thematischen Karte

1. Beschreibe die Legende:
   a) das Thema: Die Karte zeigt …
   b) den Maßstab: 1 cm auf der Karte entspricht … in der Wirklichkeit.
   c) die Signaturen: Einzeln dargestellt werden … Kläre dabei Begriffe, die du nicht kennst (z. B. Freihafen) durch Nachschlagen im Minilexikon im Anhang oder Nachfragen.
2. Bestimme die Fläche des dargestellten Raumes oder die größte Nord-Süd- und Ost-West-Ausdehnung mithilfe der Maßstabsleiste.
3. Beschreibe die Lage der einzelnen Signaturen:
   Es gibt … Stellen für den Containerumschlag, sie befinden sich …
   Es gibt … Stellen für den Massengutumschlag, sie befinden sich …, usw.
4. Verknüpfe das Thema der Karte mit dem Wissen, das du bereits hast.
5. Stelle Fragen. Was möchtest du gerne noch zu dem Thema erfahren?

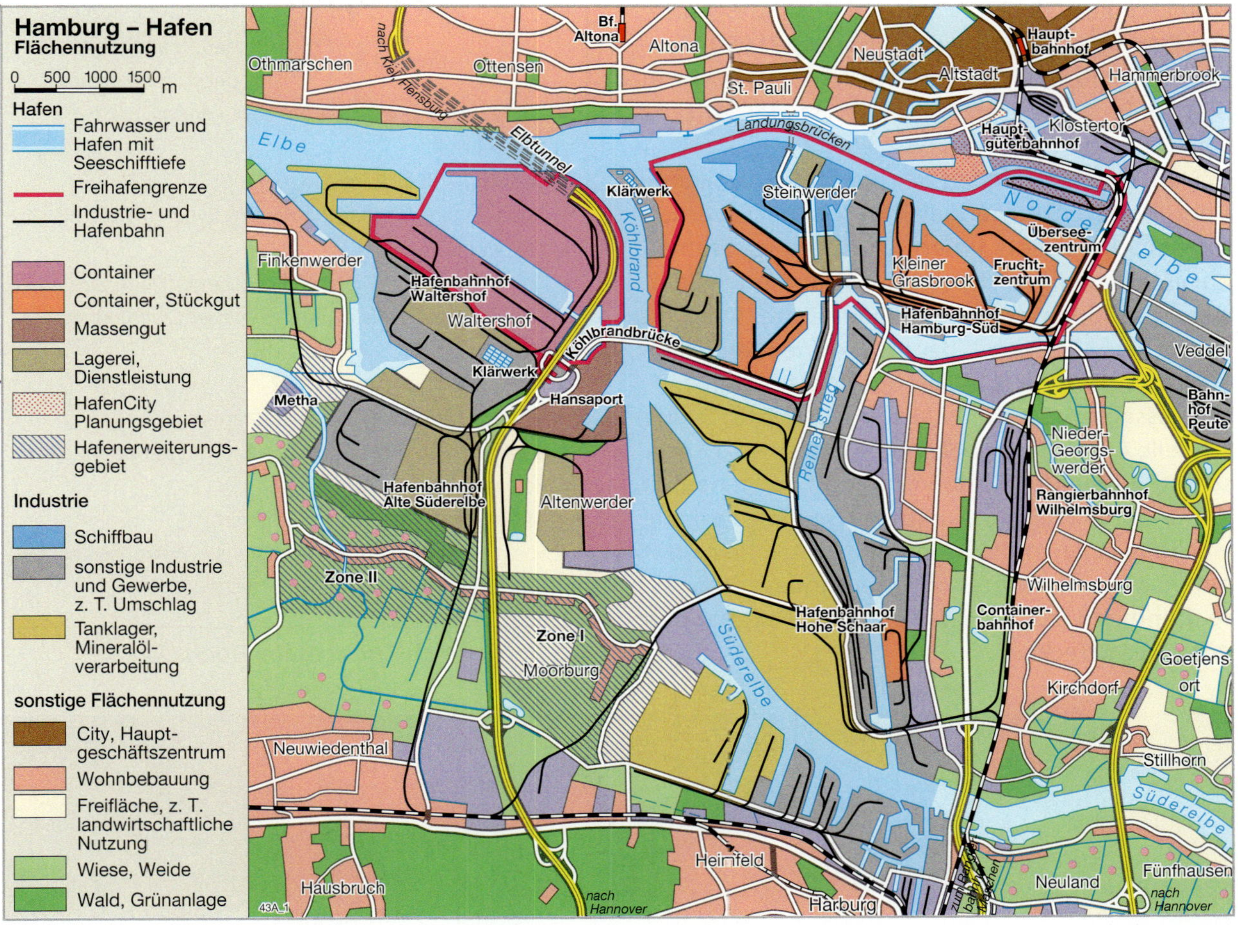

M3 *Thematische Karte „Hamburg – Hafen"*

Frankfurt/Main – ein Zentrum des Luftverkehrs

Fraport

Der „Fraport", der Frankfurter Airport, ist einer der zehn wichtigsten Flughäfen der Welt. Im Jahr 2010 wurden rund 53 Mio. Passagiere und 2,3 Mio. t Luftfracht gezählt. Der Flughafen und seine Umgebung sind ein Stadtteil von Frankfurt/Main. Er hat nur 361 Einwohner, aber trotzdem Krankenhaus, Kirche, Kino und viele Geschäfte. Das liegt daran, dass dort täglich über 71 000 Menschen arbeiten, um Passagiere und Luftfracht in alle Welt zu befördern. Damit ist der Airport Deutschlands größte Arbeitsstelle.

Bei Luftfracht handelt es sich um Güter, die schnell über weite Entfernungen transportiert werden müssen: Jumbojets holen zum Beispiel Blumen aus Kolumbien, Obst aus Neuseeland oder Computer aus China. Oder sie bringen Ersatzteile von deutschen Automobil- bzw. Maschinenbaufirmen zum Beispiel nach Brasilien oder Australien.

Im Passagierverkehr ist der Fraport für seine schnelle Abfertigung bekannt. Es dauert im Durchschnitt 45 Minuten, bis ein Fluggast von einem in ein anderes Flugzeug umgestiegen ist. Fast die Hälfte aller ankommenden Passagiere fliegt mit einem anderen Flugzeug weiter. Andere Fluggäste benutzen zur Weiterfahrt die Autobahnen oder Bahnstrecken.

71 000 Beschäftigte in über 500 Betrieben:

Fraport
Frankfurt Airport Services Worldwide

- „Fraport" (z. B. Winterdienst für drei 4 000 m lange Start- und Landebahnen, Feuerwehr, Bedienung der 73 km langen Gepäckförderanlage …);
- Luftverkehrsgesellschaften (Verkauf von Tickets, Einchecken);
- Behörden (Polizei, Zoll);
- Speditionen (An- und Abtransport von Luftfracht);
- Autovermietung;
- Reisebüros (Last-Minute-Angebote für Flugreisen);
- Handel (Supermärkte, Friseure, Textilien, Zeitschriften, Bücher);
- Banken (Geldwechsel);
- Hotels, Gaststätten (24 Restaurants);
- Catering-Betriebe (Verpflegung für Flugzeugpassagiere);
- Reinigungsbetriebe;
- Mineralölhandel (Benzin, Schmieröl);
- sonstige Betriebe (z. B. Wachdienste, Rettungsdienste, Wartung und Reparatur von Flugzeugen).

M2 *Betriebe im Rhein-Main-Flughafen*

M1 *Fraport – der Rhein-Main-Flughafen Frankfurt*

- größter deutscher Flughafen
- mit seinen Fluggastzahlen auf dem 3. Platz in Europa hinter London-Heathrow und Paris – Charles de Gaulle
- beim Luftfrachtumschlag auf Platz 2 in Europa nach Paris
- eröffnet 1936
- Entfernung zum Stadtzentrum: zwölf Kilometer
- Fläche: 1940 ha
- Starts und Landungen (2010): 4654432
- Anzahl der vertretenen Fluggesellschaften: ca. 155
- Planungen: Ausbau mit Nordwest-Landebahn (Inbetriebnahme Herbst 2011); Terminal 3 (Inbetriebnahme des ersten Moduls 2016)

Der Frankfurter Flughafen auf einer Briefmarke

M3 *Fraport in Zahlen*

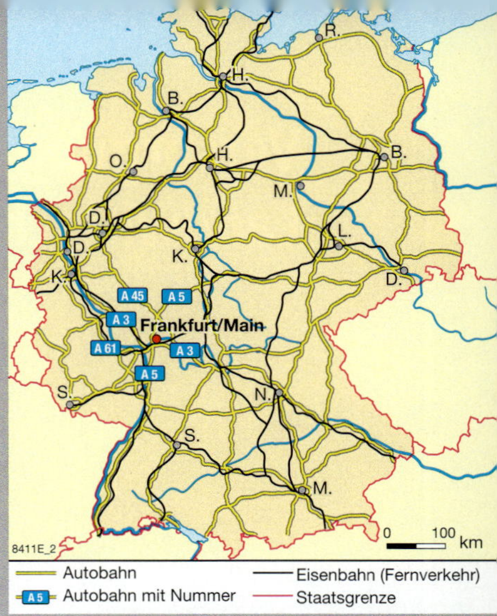

M5 *Lage von Frankfurt/Main*

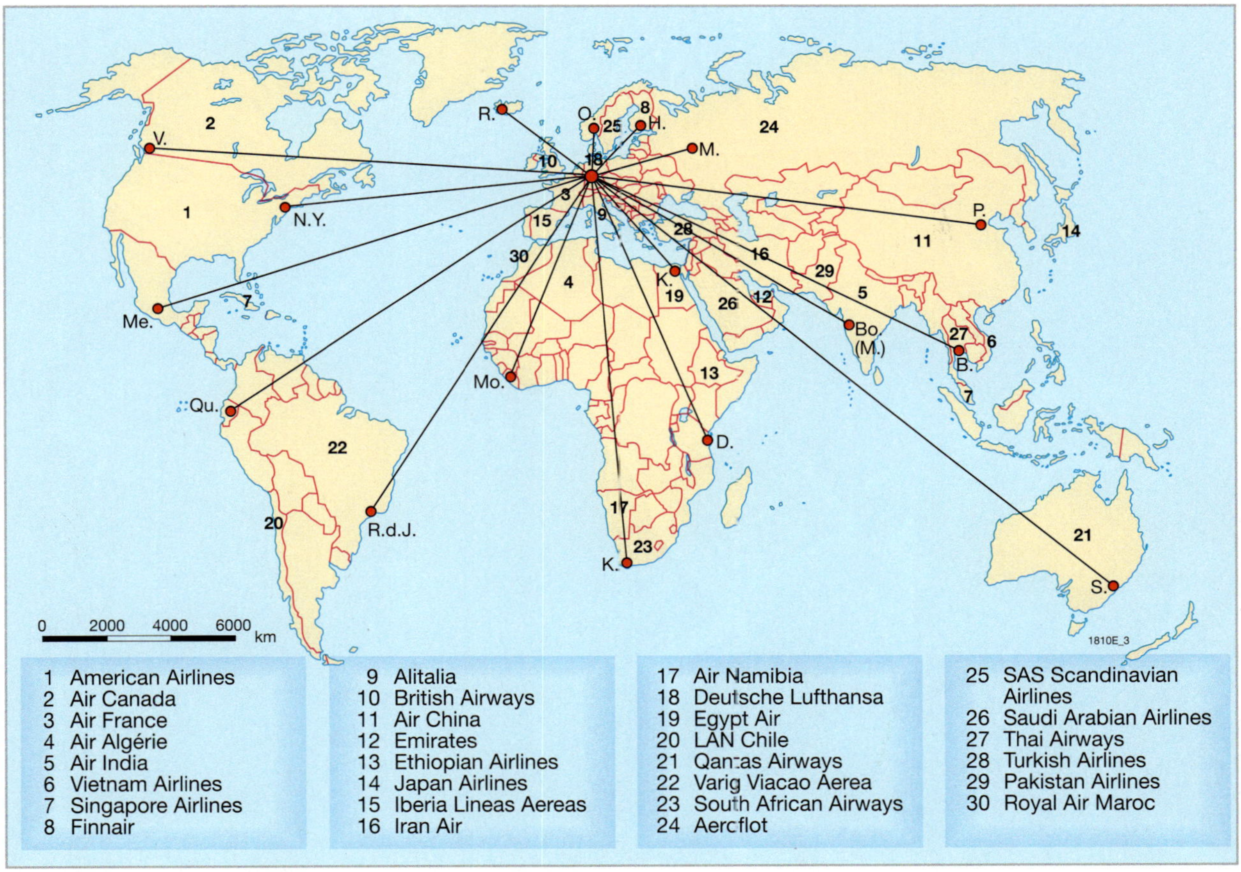

1 American Airlines
2 Air Canada
3 Air France
4 Air Algérie
5 Air India
6 Vietnam Airlines
7 Singapore Airlines
8 Finnair
9 Alitalia
10 British Airways
11 Air China
12 Emirates
13 Ethiopian Airlines
14 Japan Airlines
15 Iberia Lineas Aereas
16 Iran Air
17 Air Namibia
18 Deutsche Lufthansa
19 Egypt Air
20 LAN Chile
21 Qantas Airways
22 Varig Viacao Aerea
23 South African Airways
24 Aeroflot
25 SAS Scandinavian Airlines
26 Saudi Arabian Airlines
27 Thai Airways
28 Turkish Airlines
29 Pakistan Airlines
30 Royal Air Maroc

M4 *Luftfahrtgesellschaften, die Frankfurt anfliegen (Auswahl)*

1 Nenne Flughäfen, von denen aus Passagiere den Frankfurter Airport erreichen können (M4, Atlas):
a) fünf in Amerika und
b) fünf in Afrika und Asien.

2 Erläutere die Aufgaben der Beschäftigten des Flughafens (M2).

3 Ordne die Fluggesellschaften in M4 ihren Heimatländern zu (Atlas).

Versorgung durch Landwirtschaft

Auf den Boden kommt es an

Der Boden, eine Grundlage der Landwirtschaft

Ein fruchtbarer **Boden** ist für Landwirte sehr wichtig. Je fruchtbarer der Boden ist, desto besser wachsen die Pflanzen und desto besser fällt die Ernte aus. Doch was macht den Boden fruchtbar?

Pflanzen benötigen zum Wachsen vor allem Nährstoffe und Wasser. Sie entnehmen diese mit ihren Wurzeln dem Boden. Ein Boden ist daher fruchtbar, wenn er verschiedene Nährstoffe enthält und gut Wasser speichern kann. Zudem bietet der Boden den Pflanzen Halt. Wenn er locker ist, können die Wurzeln der Pflanzen leicht in ihn eindringen.

Besonders fruchtbar sind in Deutschland die **Börden** (siehe auch S. 118). In diesen Landschaften sind die Böden vorwiegend aus Löss (siehe Info) entstanden. Dort können Bauern Pflanzen anbauen, die einen sehr fruchtbaren Boden benötigen. Das sind zum Beispiel Weizen und Zuckerrüben. Diese bringen in den Börden einen besonders guten Ertrag.

Es ist aber nicht sinnvoll, immer wieder die gleiche Pflanze auf demselben Feld anzubauen. Baut der Landwirt dort zum Beispiel stets Zuckerrüben an, würden diese Pflanzen dem Boden immer dieselben Nährstoffe entziehen. Der Boden wäre nach einigen Jahren ausgelaugt. Darum wechseln Landwirte jährlich die Pflanzen, die sie anbauen: Sie betreiben **Fruchtwechsel**.

Landwirte haben viel Arbeit mit ihrem Boden. Er muss zum Beispiel mit dem Pflug umgewendet werden. Sonst würde er zu fest. Dabei werden Pflanzenreste eingearbeitet; sie düngen den Boden. Durch zusätzliche **Düngung** führt der Bauer dem Boden weitere Nährstoffe zu. Dazu wird häufig Mineraldünger verwendet. Dieser wird in Fabriken chemisch hergestellt. Mineraldünger muss gezielt und sparsam eingesetzt werden. Zu viel Dünger kann das Grundwasser vergiften und das Bodenleben zerstören. Außerdem kann er zu schädlichen Rückständen in den Lebensmitteln führen.

Weizen
hoher Nährstoff- und Wasserbedarf, wächst deshalb auf Lehmböden
➜ Brot, Backwaren, Nudeln

Roggen
geringer Nährstoff- und Wasserbedarf, wächst deshalb auf Sandböden
➜ Brot

Gerste
mittlerer Nährstoff- und Wasserbedarf, wächst deshalb auf sandigen Lehmböden
➜ Malz zum Bierbrauen, Futter

Mais
hoher Nährstoff- und Wasserbedarf, wächst deshalb auf Lehmböden
➜ überwiegend Viehfutter

Kartoffel
geringer Nährstoffbedarf, verträgt keine Staunässe, liebt lockere Böden
➜ Nahrungsmittel, Viehfutter

Zuckerrübe
sehr hoher Nährstoffbedarf, hoher Wasserbedarf, keine Staunässe, liebt tiefe Lössböden
➜ Zucker

M1 *Feldfrüchte, ihre Ansprüche an den Boden und was man daraus herstellen kann*

INFO

Löss
Löss besteht aus fein geriebenem Gesteinsmehl. Der Löss wurde in der Eiszeit vom Wind ausgeweht und viele Kilometer weiter abgelagert. Das war vor über 11 500 Jahren. Damals war es so kalt, dass in Norddeutschland Gebiete vom Eis bedeckt waren. Aus dem Löss entwickelte sich ein besonders lockerer, nährstoffreicher und wasserspeichernder Boden. Daher zählt er zu den fruchtbarsten und ertragreichsten Böden weltweit.

Wir untersuchen Bodenproben

EXPERIMENT 1

So bestimmt ihr Bodenarten

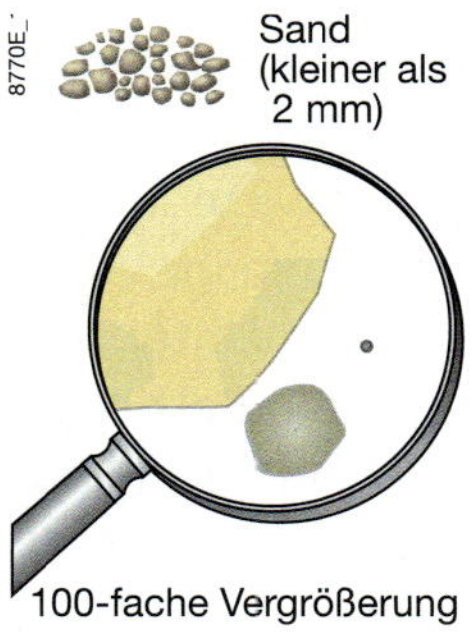

M2 ***Bodenbestandteile im Größenvergleich***

M3 ***Fingerprobe***

1. Bodenproben nehmen:
Nehmt mit einem Löffel drei verschiedene Bodenproben und füllt sie in kleine Plastiktüten: zum Beispiel von einem Acker, von einem Maulwurfshügel und aus der Weitsprunganlage des Sportplatzes.

2. Bodenarten benennen:
Befeuchtet die erste Bodenprobe auf der Handfläche mit etwas Wasser. Versucht die Bodenprobe zu einer Wurst zu rollen. Falls die Probe zerbröselt, handelt es sich um Sandboden. Wenn man eine Wurst von einer halben Bleistiftstärke ausrollen kann, handelt es sich um Lehmboden. Gelingt dies nicht, so ist es ein Schluffboden. Ist die Probe noch dünner ausrollbar, so liegt ein Tonboden vor.

Sandboden
Hoher Sandanteil
(körnig, locker, wasserdurchlässig)

Schluffboden
Mehr als die Hälfte der Körner haben Schluffgröße
(weniger locker, geringere Wasserdurchlässigkeit)

Tonboden
Mindestens ein Drittel Tonanteil
(fein, klebrig, gut formbar, wasserstauend)

Lehmboden
Gleiche Anteile von Sand, Schluff und Ton
(gut durchlüftet, kann gut Wasser speichern)

1 Erläutere, weshalb Bodenbearbeitung, Fruchtwechsel und Düngung wichtig in der Landwirtschaft sind.

2 Erkläre, warum gerade Zuckerrüben und Weizen in den Börden angebaut werden (M1).

3 In dieser „Buchstabensuppe" sind fünf Städte verschiedener Börden verborgen. Finde sie mithilfe des Atlas.
WAR – SO – MAG – HIL – DE – JÜ – DES – EST – BURG – HEIM – LICH – BURG.

4 Finde heraus, worin sich Sand, Schluff und Ton unterscheiden (Internet).

EXPERIMENT 2

So bestimmt ihr die Wasserspeicherfähigkeit

1. Das Trockengewicht bestimmen:
Besorgt euch drei Böden: einen Sand-, einen Lehm- und einen Tonboden. Nehmt drei gleiche Blumentöpfe (wichtig ist, dass sie gleich schwer sind). Bedeckt die Öffnungen im Boden der Töpfe jeweils mit einem Stück Filterpapier. Füllt die Blumentöpfe jeweils mit einem der drei Böden. Die Böden müssen im trockenen Zustand sein. Wiegt jeden Topf und notiert das Gewicht.

M4 ***Versuchsaufbau***

2. Die gespeicherte Wassermenge berechnen:
Besorgt euch eine Wanne und zwei Leisten, die länger als die Wanne sind. Legt die Leisten im Abstand von etwa drei bis vier Zentimeter auf die Wanne. Stellt die Blumentöpfe so auf die Leisten, dass Wasser beim Gießen der Töpfe durch den Spalt zwischen den Leisten in die Wanne laufen kann. Gießt jeweils die gleiche Menge Wasser (zum Beispiel 125 ml) in die drei Blumentöpfe. Lasst fünf Minuten verstreichen.
Wiegt nun die Blumentöpfe und notiert ihr Gewicht. Berechnet, wie viel Wasser die Bodenarten jeweils gespeichert haben.

Sonnenklar, das Klima ist wichtig

Das Klima, eine Grundlage für Pflanzenwachstum

Bauernregel:
„Ist der Mai kühl und nass, füllt es dem Bauern Scheun' und Fass."

Birnen am Südpol? Äpfel in der Wüste? An den Polen ist es viel zu kalt und viel zu lange dunkel. In den Wüsten können nur Pflanzen wachsen, die wenig Wasser brauchen. Jede Pflanze hat eigene Ansprüche an das **Klima**. Beispielsweise benötigt Weizen vier bis fünf Monate hindurch durchschnittliche Temperaturen von mindestens 10 °C, Kakao hingegen etwa 25 °C.
Einige Pflanzen, wie Obstbäume in Mitteleuropa oder Wintergetreide, vertragen zeitweilig sogar Frost, andere Pflanzen, wie der Kaffee, nicht. Entscheidend für das Wachstum der Pflanzen sind jeweils die Höhe der Temperaturen und wie lange bestimmte Temperaturen andauern.
Jede Pflanze hat auch eigene Ansprüche an die Menge der Niederschläge und daran, wann sie fallen. Am meisten Wasser benötigen Pflanzen in der Wachstumszeit, das heißt von der Blattbildung bis zur Fruchtbildung.
Es gibt aber auch Nutzpflanzen wie Baumwolle und Wein, für die Trockenheit kurz vor der Ernte günstig ist.
Dauernde regelmäßige Niederschläge lassen hingegen Gras optimal wachsen. In Regionen, in denen das der Fall ist, können Landwirte ihre Wiesen bis zu viermal jährlich mähen und ihr Vieh mit frischem Gras oder Heu versorgen. Unter diesen Bedingungen spezialisieren sich die Betriebe auf die Haltung von Milchvieh. Solche Grünlandgebiete findet man in Deutschland zum Beispiel im Sauerland, in den Marschen und im Allgäu. Hier würde sich der Getreideanbau nicht lohnen. In hügeligem und gebirgigem Gelände herrscht Grünland- und Waldnutzung vor.
Die Landwirtschaft ist auch vom **Wetter** abhängig. In einigen Regionen der Erde kommt es zu Dürren, weil monate- oder jahrelang keine Niederschläge fallen. Hungersnöte sind dann die Folge. Aber auch bei uns schwankt die Menge an erzeugten Nahrungsmitteln von Jahr zu Jahr, da das Wetter mal besser, mal schlechter für die Landwirtschaft ist.

INFO 1

Wetter und Klima
Wetter nennt man das Zusammenwirken von Temperatur, Niederschlag, Bewölkung, Wind und Luftdruck zu einem bestimmten Zeitpunkt an einem bestimmten Ort. Das Wetter kann sich täglich ändern.
Das Klima eines Ortes ergibt sich aus den langjährigen Durchschnittswerten des Wetters. Bestimmte Gebiete der Erde haben ähnliche Durchschnittswerte und daher ähnliche Klimate.

INFO 2

Sonderkulturen
Nutzpflanzen, deren Anbau einen besonders großen Aufwand an Sorgfalt, Arbeit und Geld erfordert, nennt man Sonderkulturen. Dies können mehrjährige Pflanzen sein, wie beim Obst-, Wein-, Hopfen- oder Spargelanbau, aber auch einjährige Pflanzen, wie Tabak oder Gemüse. Wegen des hohen Arbeitsaufwands werden Sonderkulturen meist von landwirtschaftlichen Kleinbetrieben angebaut.

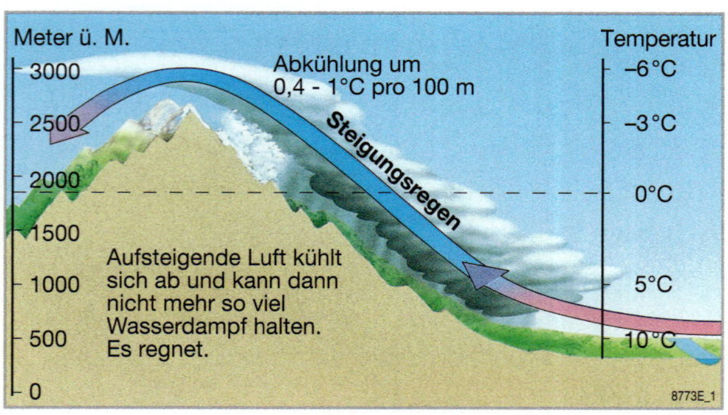

M1 *Niederschläge an einem Gebirge (Steigungsregen)*

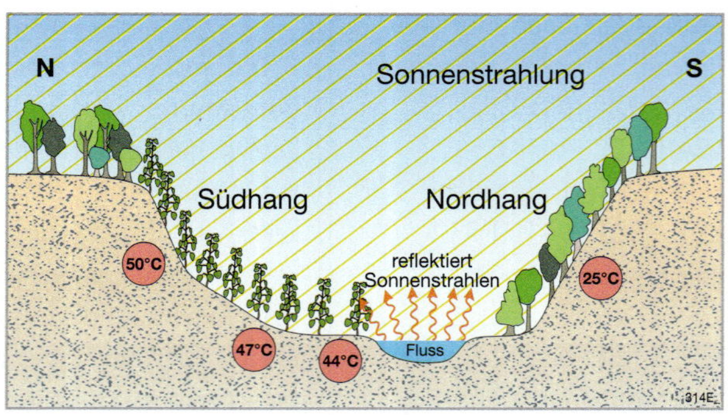

M2 *Sonneneinstrahlung und Bodentemperaturen in 2 cm Tiefe in einem Flusstal bei 30 °C Lufttemperatur*

M3 *Das Moseltal bei Bremm mit den steilsten Weinbergen Europas. An der Mosel und ihren Nebenflüssen Saar und Ruwer befindet sich das größte deutsche Weinanbaugebiet.*

M5 *Lage des Moseltales*

- Sonnenscheindauer: 1300 Stunden pro Jahr.
- Jahresmitteltemperatur mindestens 9 °C, in der Wachstumszeit im Sommer mindestens 18 °C.
- Benötigte Niederschläge über das Jahr: 400–500 mm. Schädlich sind Trockenperioden im Sommer und Regen kurz vor der Ernte.
- Wenige Frosttage.

In Deutschland gedeiht Wein besonders gut an steilen, nach Süden ausgerichteten Hängen. Auf der Nordhalbkugel findet sich ertragreicher Weinbau zwischen dem 40. und 50. Breitengrad.

M4 *Anforderungen der Weinrebe an das Klima*

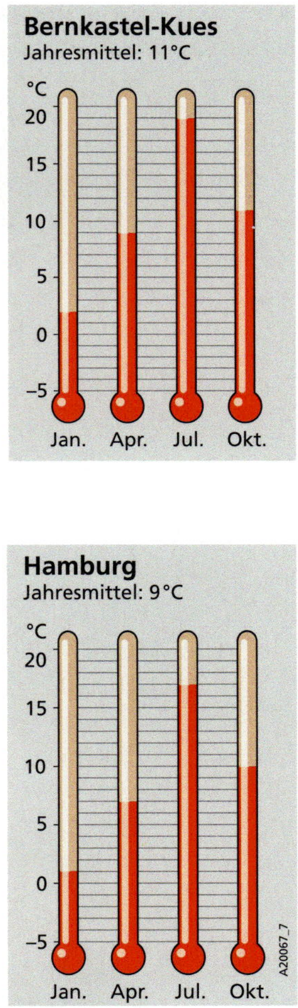

M6 *Temperaturen im Vergleich*

1 Erkläre, warum das Moseltal für den Weinbau geeignet ist:
a) Wandle die Diagramme (M6) in eine Tabelle um und vergleiche die Temperaturen.
b) Vergleiche die Lage und die Temperaturen mit den Angaben in M4.
c) Erläutere Sonneneinstrahlung und Temperaturen in einem Flusstal (M2) und vergleiche mit M3.
d) Für Spezialisten: Ermittle im Atlas den Breitengrad, auf dem das Moseltal liegt, und vergleiche mit der Angabe in M4 am Textende.

2 In Deutschland gibt es nicht nur an der Mosel Weinbau.
a) Schau im Atlas nach (Karte: Deutschland – Landwirtschaft) und notiere die Weinbaugebiete und jeweils eine Stadt in der Nähe.
b) Beschreibe und begründe die Lage der Weinbaugebiete in Deutschland (M4).

3 Stell dir vor, du bist der Fotograf von M3. In welche Himmelsrichtung hast du fotografiert?

4 Erläutere, warum der Wein zu den Sonderkulturen zählt.

Klimadiagramme lesen

Das Klima

Wetter- und Klimakundler (Meteorologen) messen Temperaturen und Niederschläge und berechnen die Mittelwerte (siehe Info). Diese Mittelwerte für einen Zeitraum von mindestens 30 Jahren geben Auskunft über das Klima eines Ortes. Sie werden in einem **Klimadiagramm** dargestellt.

Die Temperaturkurve

Die Temperaturen der einzelnen Monate stellt man zeichnerisch als Temperaturkurve (rot) dar. Dazu muss man zunächst die Tagesmittel aller Tage eines Monats in Grad Celsius (°C) und daraus dann das Monatsmittel errechnen. Mithilfe der Monatsmittel wird die Jahresmitteltemperatur errechnet.

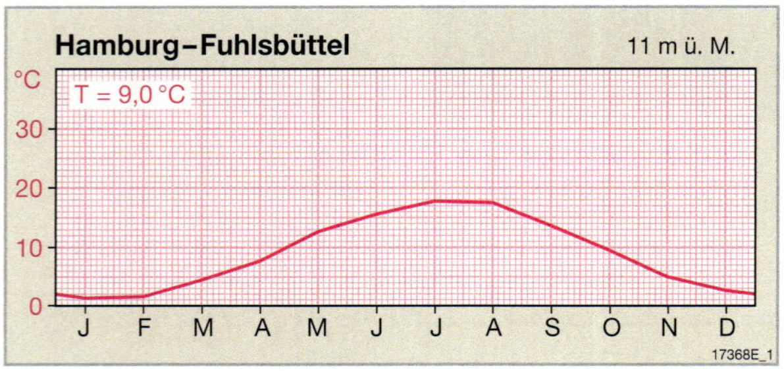

M1 *Temperaturkurve*

Die Niederschlagskurve

Bei den Niederschlägen zählt man die Niederschlagsmengen aller Tage eines Monats zusammen. Dann erhält man den Monatsniederschlag in Millimetern. (Man teilt nicht durch die Zahl der Tage eines Monats!) Die Monatsniederschläge zeichnet man als Niederschlagskurve (blau).
Die Niederschlagsmengen der zwölf Monate eines Jahres ergeben zusammen gezählt den Jahresniederschlag.

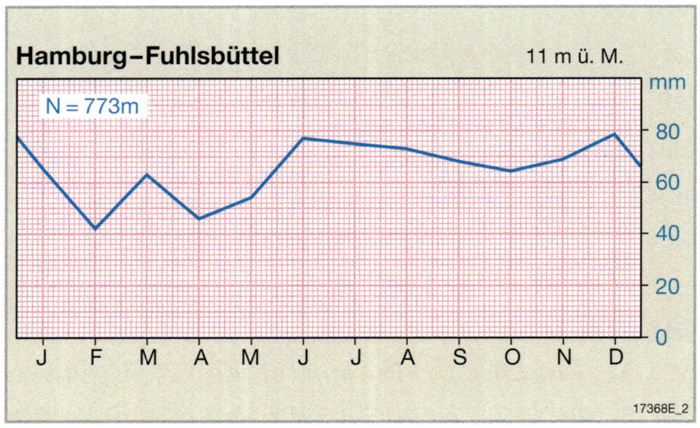

M2 *Niederschlagskurve*

Das Klimadiagramm

In einem Klimadiagramm sind die Temperaturkurve und die Niederschlagskurve zusammen eingezeichnet. Mithilfe des Klimadiagramms kannst du zum Beispiel folgende Fragen beantworten:

- Welches ist der wärmste, welches ist der kälteste Monat im Jahr?
- Wie viele Niederschläge fallen in den einzelnen Monaten?
- Wie hoch ist die Jahresmitteltemperatur und wie viele Niederschläge fallen in einem Jahr?

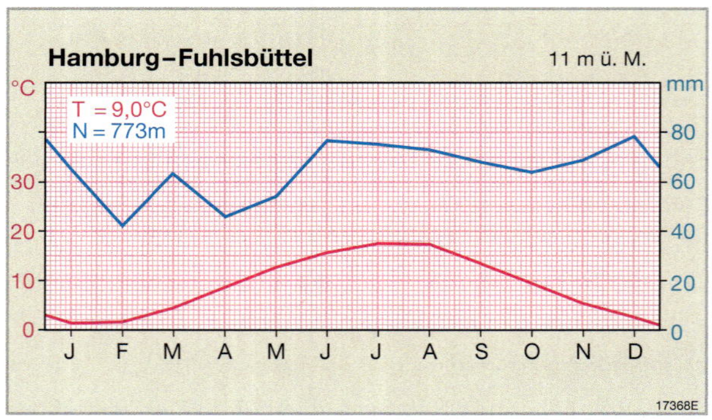

M3 *Klimadiagramm*

INFO

Wie errechnet man Mitteltemperaturen?

Tagesmittel: Meteorologen messen stündlich die Temperatur.
Sie addieren die Messwerte und teilen die errechnete Zahl durch 24, denn ein Tag hat 24 Stunden. So erhalten sie das Tagesmittel der Temperatur.

Monatsmittel: Aus den Tagesmitteln errechnet man das Monatsmittel. Zuerst zählt man alle Tagesmitteltemperaturen eines Monats zusammen.
Danach teilt man die Zahl durch die Anzahl der Tage des Monats (31, 30, 28 oder 29).

Jahresmittel: Aus den zwölf Monatsmitteln errechnet man das Jahresmittel. Zuerst zählt man alle Monatsmitteltemperaturen zusammen. Danach teilt man die Zahl durch die Anzahl der Monate (12).

M4 *Wetterstation Hamburg/Fuhlsbüttel*

Fünf Schritte zum Lesen einer Temperaturkurve

1. Beginne mit dem Januar (J). Lege deinen Finger auf den Buchstaben J (Januar).
2. Fahre mit dem Finger senkrecht nach oben, bis du auf die rote Kurve triffst.
3. Lies die Zahl waagerecht am linken Rand ungefähr ab (› Monatsmittel für den Januar).
4. Mache dasselbe bei den übrigen Monaten.
5. Lies die Jahresmitteltemperatur ab (rote Zahl oben links im Diagramm).

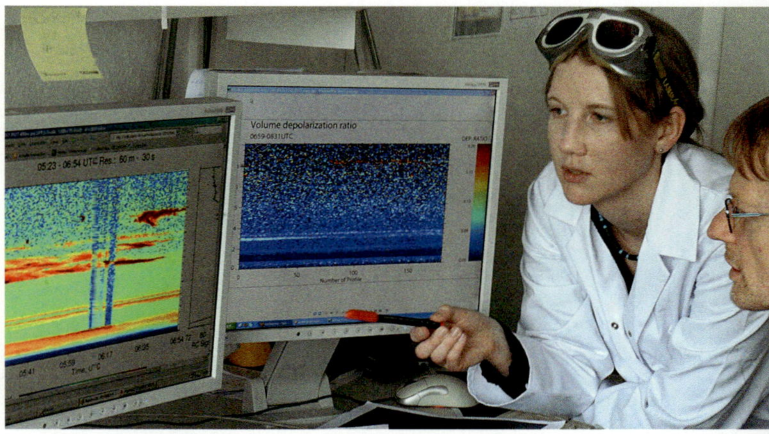

M5 *Meteorologen werten Wetterdaten aus, um Vorhersagen zu erstellen.*

Fünf Schritte zum Lesen einer Niederschlagskurve

1. Beginne mit dem Januar (J). Lege deinen Finger auf den Buchstaben J (Januar).
2. Fahre mit dem Finger senkrecht nach oben, bis du auf die blaue Kurve triffst.
3. Lies die Zahl waagerecht am rechten Rand ungefähr ab (› Monatsniederschlag Januar).
4. Mache dasselbe bei den übrigen Monaten.
5. Lies den Jahresniederschlag ab (blaue Zahl oben links im Diagramm).

1 Erkläre, wie das Jahresm ttel der Temperatur für 30 Jahre errechnet wird.

2 a) Welcher Monat ist der wärmste in Hamburg (M3)?
b) Wie hoch ist ungefähr die Mitteltemperatur dieses Monats (M3)?

3 a) Wie viel Millimeter Niederschlag fallen im Monat Mai in Hamburg (M3)?
b) In welchem Monat fallen die meisten Niederschläge (M3)?

INTERNET

www.dwd.de
www.klimadiagramme.de

Klimadiagramme zeichnen

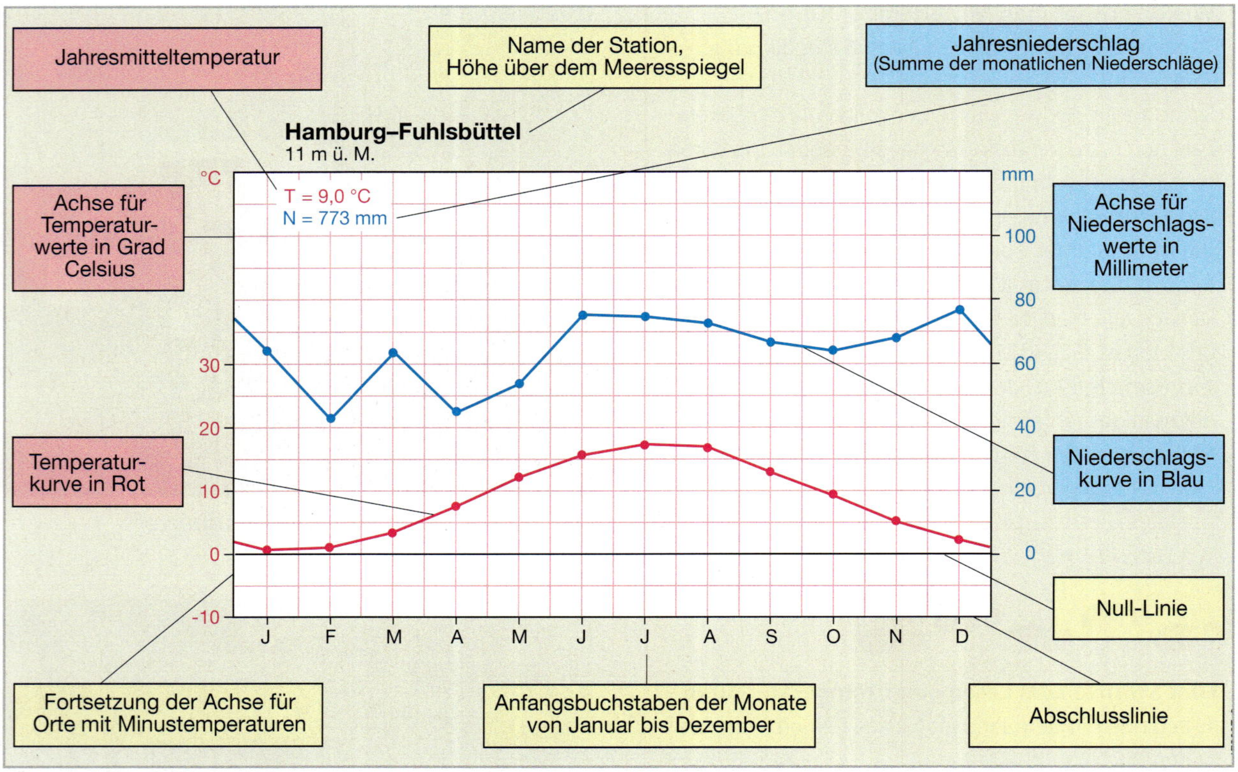

M1 *Das Klimadiagramm in seinen Einzelheiten*

M3 *Materialien, die du für das Zeichnen eines Klimadiagramms brauchst*

		J	F	M	A	M	J	J	A	S	O	N	D	Jahr
Hamburg (Deutschland) 68 m ü. M.	T (°C) N (mm)	1 65	2 42	4 63	8 46	13 54	15 77	17 75	17 73	14 68	9 64	5 69	3 78	9 773
Ghadames (Libyen) 360 m ü. M.	T (°C) N (mm)	11 5	13 3	17 5	22 2	27 2	31 1	33 0	31 0	28 1	23 2	17 5	11 1	22 27
Iquitos (Peru) 104 m ü. M.	T (°C) N (mm)	27 255	27 275	27 350	26 305	26 270	26 200	26 165	26 155	27 190	27 215	27 245	28 215	27 2840
Frobisher Bay (Kanada) 7 m ü. M.	T (°C) N (mm)	–27 25	–26 30	–22 20	–14 20	–3 25	4 40	8 55	7 60	2 45	–5 40	–12 40	–21 25	–9 425

M2 *Klimawerte verschiedener Orte auf der Erde*

METHODE

Vier Schritte zum Zeichnen eines Klimadiagramms

1. Null-Linie zeichnen

- Zeichne mit einem Bleistift die Null-Linie (Länge 12 cm, 1 Monat = 1 cm oder 2 Rechenkästchen). Unterteile die Null-Linie in Abschnitte von 1 cm.
- Schreibe die Anfangsbuchstaben der Monate unter die Null-Linie.
  Hinweis: Bei Orten mit Minus-Temperaturen werden die Anfangsbuchstaben der Monate unter die Abschlusslinie geschrieben (M1).

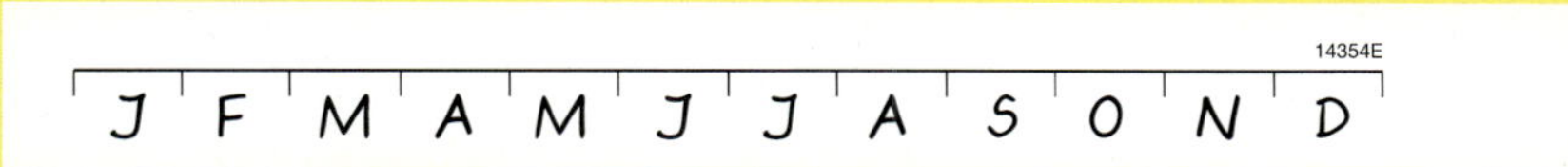

2. Temperaturkurve zeichnen

- Zeichne mit Bleistift links eine senkrechte Achse für die Temperaturwerte. Unterteile die Achse (1 cm = 10 °C) und beschrifte sie in Rot.
- Trage die Temperaturwerte der Monate Januar bis Dezember jeweils mit einem roten Punkt ein.
- Verbinde die Punkte von Hand mit einem roten Buntstift zu einer Temperaturkurve.

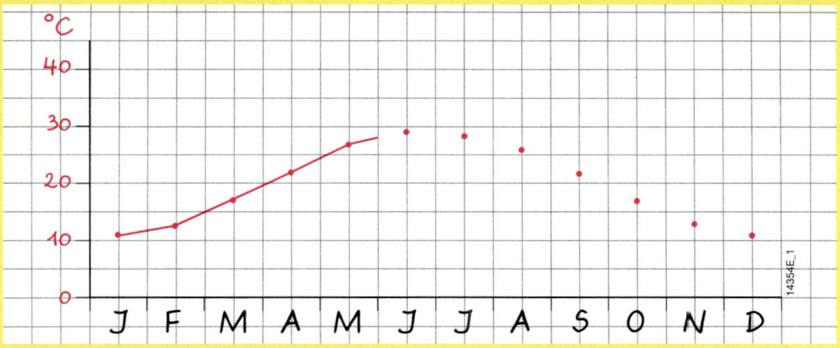

3. Niederschlagskurve zeichnen

- Zeichne mit Bleistift rechts eine senkrechte Achse für die Niederschlagswerte ein. Unterteile die Achse (1 cm = 20 mm) und beschrifte sie in Blau.
- Zeichne die Niederschlagswerte der Monate Januar bis Dezember jeweils mit einem blauen Punkt ein.
- Verbinde die Punkte von Hand mit einem blauen Buntstift zu einer Niederschlagskurve.

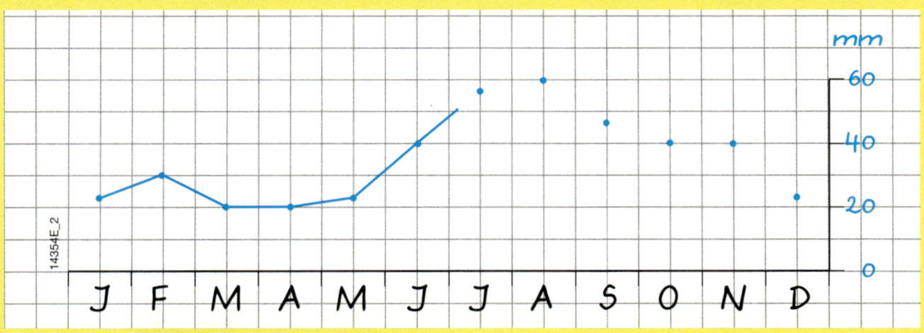

4. Angaben zur Klimastation eintragen

- Vervollständige das Klimadiagramm mit folgenden Angaben:
  Name und Lage der Station
  Höhe über dem Meeresspiegel in Metern
  Jahresmitteltemperatur
  Jahresniederschlag

M3 *Mia beim Zeichnen eines Klimadiagramms*

❶ Zeichne ein Klimadiagramm von einem Ort aus M2.

Die Landwirtschaft verändert sich

M1 *Ernteeinsatz 1950 und heute*

Vom Pferdefuhrwerk zum Mähdrescher

Um 1950 gab es in Deutschland deutlich mehr Bauernhöfe als heute. Sie waren nur fünf bis zehn Hektar groß. Jeder Landwirt baute auf seinen Äckern mehrere Feldfrüchte an. Das waren zum Beispiel Kartoffeln, Weizen und Futterrüben. Oft verdienten die Bauern zusätzlich am Verkauf von Eiern, Milch und Fleisch. Die Arbeiten auf dem Feld und im Stall erledigte die Familie zusammen mit ihren Hilfskräften: den Mägden und Knechten. Es gab kaum Maschinen. Auch schwere Arbeiten, zum Beispiel bei der Heuernte, mussten von Hand getan werden. Seitdem haben viele Landwirte ihre Betriebe aufgegeben. Die Höfe waren zu klein und die Erträge zu gering.

Andere Bauern vergrößerten ihre Höfe. Sie kauften oder pachteten (mieteten) Land dazu. 2011 war ein Hof im Durchschnitt 56 ha groß (1950: sechs Hektar). Auf den großen Flächen setzen die Landwirte große Maschinen ein. Zum Beispiel ziehen schwere Traktoren breite Pflüge hinter sich her. Mähdrescher erleichtern die Ernte von Getreide. Melkmaschinen und automatische Fütterungsanlagen nehmen den Bauern zeitraubende Arbeit ab. Auf diese Weise werden Arbeitskräfte eingespart. Die **Mechanisierung** in der Landwirtschaft hat ständig zugenommen. Das hat Folgen für die produzierte Menge an Nahrungsmitteln. Heute kann ein Landwirt im Durchschnitt Nahrungsmittel für 133 Menschen erzeugen. 1950 konnte er nur zehn Personen versorgen. Auch beschränken sich die Bauern heute auf wenige Anbauprodukte oder Vieharten. So bauen manche Landwirte nur Gemüse an; andere halten nur Milchkühe. Es hat eine **Spezialisierung** stattgefunden.

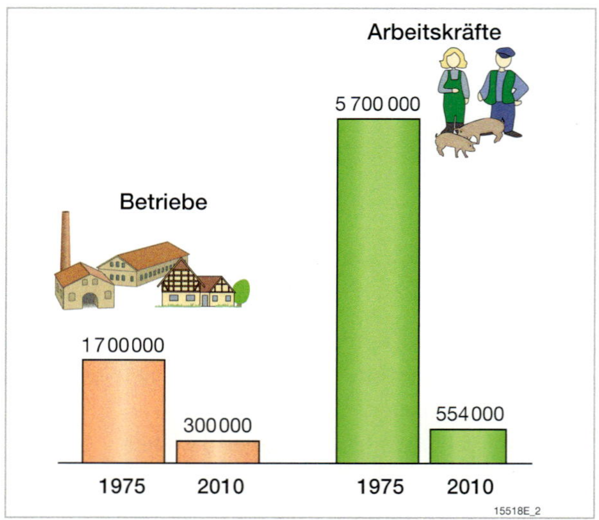

M2 *Entwicklungen in der Landwirtschaft*

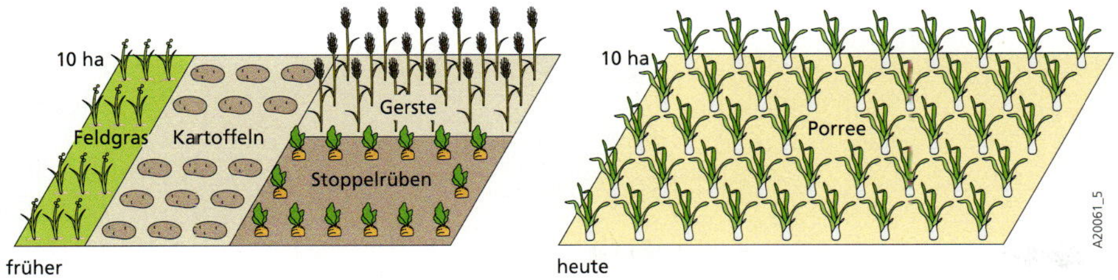

M3 *Spezialisierung im Ackerbau auf einer Fläche von 10 ha (Hof Kranekamp)*

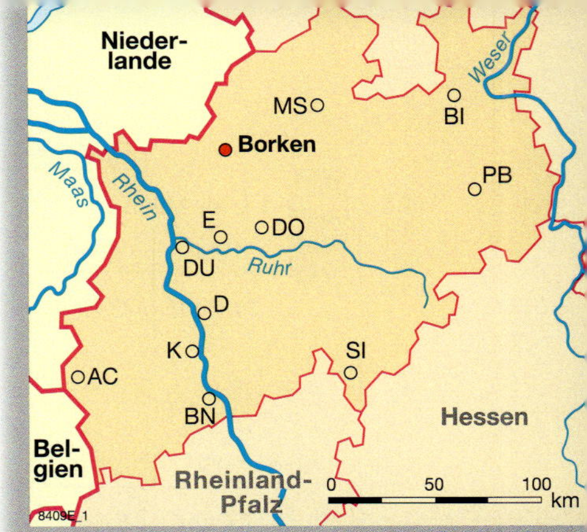

M6 *Die Lage von Borken im Münsterland*

	Früher (um 1950)	Heute (2011)
Fläche	16 ha; davon 10 ha gepachtet	90 ha; davon 68 ha gepachtet
Nutzung	8 ha Grünland, 8 ha Ackerland	90 ha Ackerland (davon 30 ha Porree, 10 ha Spinat, 20 ha Mais; 20 ha Getreide, 10 ha Sonstiges)
Vieh	12 Kühe, 20 Bullen, 6 Sauen, 80 Schweine, 100 Hühner	600 Schweine
Maschinen/ Geräte	1 Traktor, Mähbinder, Heuwender, Egge, Sämaschine, Knollenpflücker	6 Traktoren verschiedener Stärke, 2 Beregnungsanlagen, Porree-Roder, Porree-Waschanlage, Pflanzenschutzspritze, Fütterungsanlage, Kühlanlagen
Arbeitskräfte	Bauer, Bäuerin, Großeltern, Kinder, Magd, Knechte	Bauer, Bäuerin, ein Auszubildender, 6 Erntehelfer

M4 *Der Hof Kranekamp bei Borken früher und heute*

„Was hat sich in den letzten 60 Jahren auf Ihrem Hof verändert?"

„1950 wurden viele Arbeiten in Handarbeit erledigt. Jeder auf dem Hof musste mit anpacken, auch die Kinder und Großeltern. Eine große Hilfe waren die Pferde. Sie konnten zum Beispiel bei der Frühjahrsbestellung die Sämaschine ziehen oder im Sommer den Heuwagen. Nach und nach kauften wir mehr Maschinen. Am wichtigsten war der Traktor. Die Kühe verursachten die meiste Arbeit. 1967 haben wir mit dem Porreeanbau begonnen. Seitdem hat sich viel getan. Als erstes haben wir die Kühe abgeschafft. Dann haben wir Land dazugepachtet und uns auf Gemüseanbau und Mastschweine spezialisiert. Das hieß: den Kuhstall umwandeln, ein Kühlhaus bauen und Spezialmaschinen anschaffen."

„Warum haben Sie sich auf Gemüseanbau und Schweinemast spezialisiert?"

„In beiden Bereichen können wir gut Spezialmaschinen und automatische Anlagen einsetzen. Das erspart uns Arbeit und Zeit."

M5 *Gespräch mit Landwirt Kranekamp*

1 Nenne fünf Änderungen im Betrieb Kranekamp seit 1950 (M3, M4, M5).

b) Beschreibe Vor- und Nachteile dieser Entwicklung.

2 Die Landwirtschaft in Deutschland hat sich stark gewandelt.
a) Nenne fünf Beispiele dafür.

TIPP

Wie wäre es mit einem Besuch auf dem Hof eines (Obst-)Bauern? Bereitet den Ausflug gemeinsam vor; Informationen gibt es unter folgenden Adressen:
- Ökomarkt Schule und Landwirtschaft, Osterstr. 58, 20259 Hamburg (www.oekomarkt-hamburg.de)
- Bildungs- und Informationszentrum des Gartenbaus Hamburg, Ochsenwerder Landscheideweg 277, 21037 Hamburg (www.BIG-HH.de/BIG.htm)
- Bauernverband Hamburg, Brennerhof 121, 22113 Hamburg (www.bauernverband-hamburg.de)

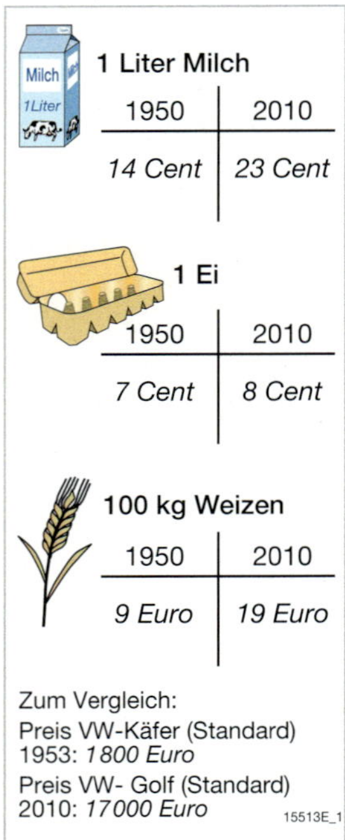

M1 *Verkaufspreise in der Landwirtschaft*

M2 *Spinat-Vollernter und Traktor mit Spezialwagen – teure Maschinen für die Spinat-Ernte*

Wie wirtschaftet heute ein Bauernhof?

In einem landwirtschaftlichen Betrieb gibt es viele Dinge, für die die Bäuerin und der Bauer Geld bezahlen. So müssen sie die Hofgebäude, Ställe und Maschinen instand halten oder erneuern. Sie müssen Saatgut, Dünger, Strom und eventuell Pacht (Miete) bezahlen.

Aber sie nehmen natürlich auch Geld ein. Sie verkaufen ihre Erzeugnisse wie Gemüse, Getreide oder Fleisch.

Hat ein Hof auf Dauer zu geringe Ernte-, Milch- oder Fleischmengen und zu hohe Kosten, dann sind auch die Einnahmen zu gering. Zusätzlich kann es passieren, dass preiswertere Produkte aus dem Ausland die Preise sinken lassen. Dann geht das Einkommen weiter zurück und der Betrieb muss aufgeben.

Um dies zu vermeiden, haben viele Landwirte ihre Anbauflächen und Ställe vergrößert und sich spezialisiert. Denn nur so kann man die höchsten Erträge erreichen und die Einnahmen steigern.

Auf manchen Bauernhöfen gibt es zusätzliche Einnahmen durch einen eigenen Hofladen. Die Bäuerin oder der Bauer verkaufen dort zum Beispiel frisches Obst, Gemüse und Eier.

Andere Höfe bieten Feriengästen Zimmer an und erhöhen damit ihr Familieneinkommen. Oft trägt auch Geld vom Staat erheblich zum Einkommen des Betriebs bei.

INFO

Der Absatzmarkt

Vielfach bestimmen der Boden und das Klima, auf welche Tiere und Pflanzen sich ein Landwirt spezialisiert. Aber diese Naturgegebenheiten sind es nicht allein! Ausschlaggebend ist oft auch der Absatzmarkt.

Wenn viele Kunden ein Erzeugnis kaufen wollen, spricht man von einem großen Absatzmarkt. Dann lohnt es sich, genau dieses Produkt herzustellen. Hier ein Beispiel: In den Städten leben viele Menschen. Sie bilden einen großen Absatzmarkt für frisches Obst und Gemüse. Also haben sich in der Nähe der Städte zahlreiche Landwirte auf den Anbau dieser Nahrungsmittel spezialisiert. Städte bei uns sind aber auch ein guter Absatzmarkt für Bauern aus anderen Ländern.

So baut man zum Beispiel Spargel in Peru (Südamerika) sehr günstig an. Dort ist es warm und die Löhne sind niedrig. Trotz des langen Transportweges wird der Spargel bei uns sehr preiswert verkauft.

So wirtschaftet ein Hof im Münsterland

„Wer lebt von Ihrem Betrieb und woher stammen die Einnahmen?"
„Vom Betrieb leben meine Frau und ich, unsere beiden Kinder, die Oma, ein Auszubildender und zeitweise sechs Erntehelfer. Wir verkaufen hauptsächlich Gemüse, besonders Porree und Spinat. Die Schweinemast ist eine weitere Einnahmequelle. Sie ist gerade bei Ernteausfällen oder niedrigen Gemüsepreisen wichtig.

„Wie verkaufen Sie Ihre Produkte?"
„Der Porree wird gewaschen und in Kisten verpackt. Wir liefern an die Tiefkühlfirma „Iglo" in Reken oder an den Großmarkt in Soest. Von dort ist das Ruhrgebiet mit mehreren Millionen Verbrauchern weniger als eine Autostunde entfernt.
Aber auch Bauernhöfe aus Belgien und den Niederlanden liefern ihre Erzeugnisse dorthin. Sie sind unsere größte Konkurrenz. Unsere Ware muss daher gut und günstig sein."

„Wie setzen sich Ihre Einnahmen zusammen und womit verdienen Sie am meisten?"
„Unsere wichtigste Einnahmequelle ist der Porree. Davon haben wir dieses Jahr (2011) rund 700 t zu einem Preis von 300 bis 500 € pro Tonne verkauft. Im Winter ist er teurer als im Sommer. Glücklicherweise gibt es bei Porree nicht so harte Konkurrenten aus dem Ausland wie bei Spargel.
Außerdem haben wir 4000 € für Rotkohl und 7000 € für Spinat eingenommen; das ist ein Zusatzverdienst. Wichtiger ist da schon der Verkauf unserer 1500 Mastschweine (90 kg). Sie bringen pro Kilo durchschnittlich 1,40 €. Wichtig für unser Einkommen ist schließlich auch die staatliche Unterstützung. Für den Gemüseanbau gibt es pro Hektar über 200 € im Jahr."

M3 *Gespräch mit Landwirt Kranekamp bei Borken*

M4 *Beregnungsanlage mit abgewickeltem Wasserschlauch im Porreefeld von Kranekamps*

Pacht pro ha Ackerland:	700 €
Traktor 90 PS (Deutz-Fahr):	50 000 €
Satz Doppelräder für Traktor:	1 900 €
Schlepper 140 PS (Fendt):	100 000 €
Porree-Roder:	30 000 €
Beregnungsanlage:	20 000 €
Wasserpumpe (1500 l pro Stunde):	750 €
Pflanzenschutzspritze (2000 l):	20 000 €
Porree-Waschanlage:	80 000 €

M5 *Kosten im Betrieb Kranekamp 2010*

1. Beschreibe, welche Arbeiten auf den Fotos M2 und M4 gerade erledigt werden.
2. Liste die Kosten im Betrieb Kranekamp auf, die nicht in M5 genannt sind (M3, Text).
3. Welche Folgen hat preiswertes Gemüse aus dem Ausland für die Landwirte bei uns? Erkläre (M3, Text).
4. Wann muss ein Landwirt seinen Betrieb aufgeben? Nenne mindestens zwei Gründe.
5. „Die Lebensmittelpreise sind einfach zu niedrig!" Was denkst du über diese Behauptung? Erläutere.

Zuckerrüben aus der Magdeburger Börde

M1 *Rübenvollernter*

Der Begriff Börde kommt vom niederdeutschen Wort bören und bedeutet tragen bzw. ertragreich.
Die Magdeburger Börde gehört zu den ertragreichsten Anbaugebieten im Norddeutschen Tiefland. Sie ist eine flach gewellte Landschaft mit wenig Bäumen und Baumgruppen westlich von Magdeburg. Andere Bördelandschaften befinden sich entlang des nördlichen Randes des deutschen Mittelgebirgsraumes. So schließt sich die Hildesheimer Börde westlich an die Magdeburger Börde an.

INFO

Schwarzerde
ist ein nährstoffreicher, lockerer Boden, der Niederschläge gut speichern kann. Schwarzerde besitzt einen hohen Humusgehalt.

Humus
besteht aus abgestorbener Biomasse. Der Humusanteil bestimmt die Fruchtbarkeit des Bodens. Humus sieht schwarz aus.

Der Anbau der Zuckerrübe

Der gute Boden in der Magdeburger Börde, Schwarzerde auf Löss (siehe S. 106), ermöglicht den Anbau anspruchsvoller Pflanzen wie Weizen, Gerste und Zuckerrüben.
Die Zuckerrübenaussaat beginnt im April. Die Pflanzen brauchen etwa sechs Monate lang ein mildes Klima mit viel Sonne, besonders im Herbst. Außerdem benötigen sie sehr viel Wasser, sodass sie den Zucker in ihren Rübenkörpern speichern können.

Die Ernte der Zuckerrübe

Ende September, wenn sich die Blattspitzen der Zuckerrüben grüngelb färben, beginnt die Ernte. Man spricht auch von der „Rübenkampagne". Die Landwirte müssen nun „rund um die Uhr" arbeiten, da die Zuckerrüben nicht lange gelagert werden können. Bei der Lagerung würde ihr Zuckergehalt zurückgehen.

Die Verwendung der Zuckerrübe

In der Magdeburger Börde wurden moderne Zuckerfabriken gebaut. Aus sieben Kilogramm Zuckerrüben entsteht in der Zuckerfabrik ein Kilogramm Zucker.
Der Zucker wird vor allem in der Lebensmittelindustrie, zum Beispiel bei der Getränkeherstellung und in der Süßwarenindustrie verarbeitet. Die Blätter der Zuckerrübe erhalten die Tiere als Futter.

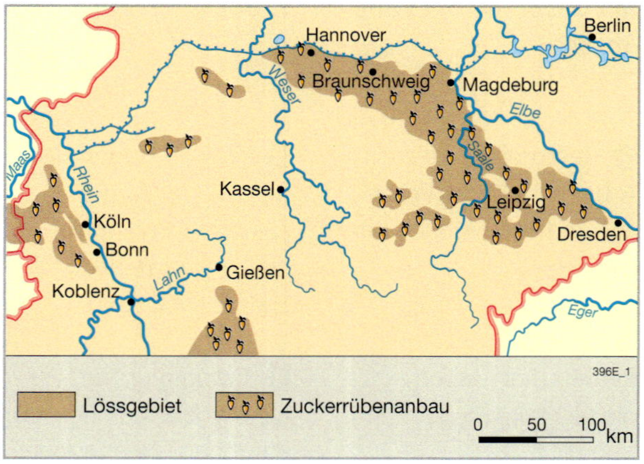

M2 *Bördegürtel*

M3 *Zuckerfabrik*

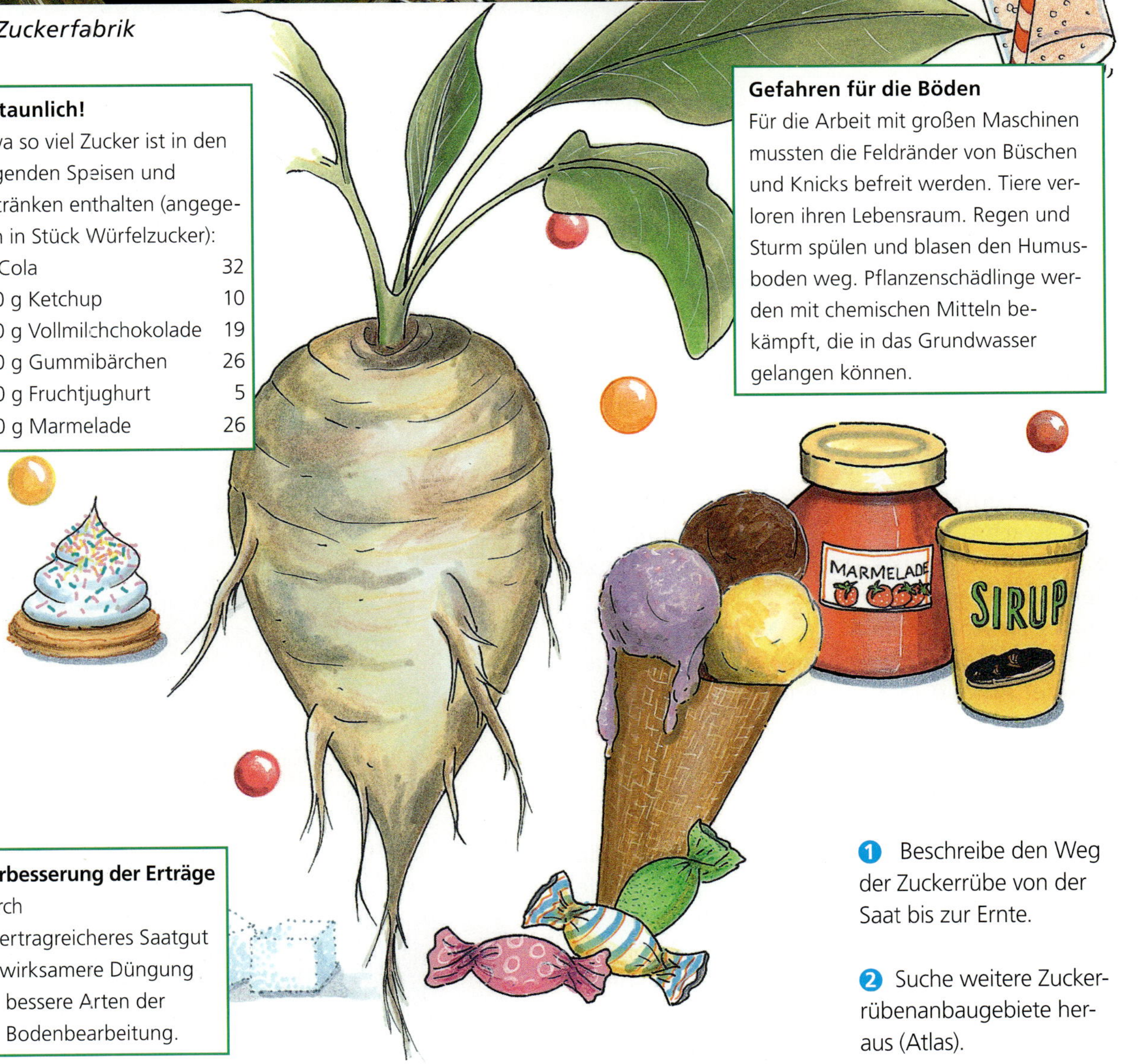

Erstaunlich!

Etwa so viel Zucker ist in den folgenden Speisen und Getränken enthalten (angegeben in Stück Würfelzucker):

1 l Cola	32
100 g Ketchup	10
100 g Vollmilchchokolade	19
100 g Gummibärchen	26
100 g Fruchtjughurt	5
100 g Marmelade	26

Gefahren für die Böden

Für die Arbeit mit großen Maschinen mussten die Feldränder von Büschen und Knicks befreit werden. Tiere verloren ihren Lebensraum. Regen und Sturm spülen und blasen den Humusboden weg. Pflanzenschädlinge werden mit chemischen Mitteln bekämpft, die in das Grundwasser gelangen können.

Verbesserung der Erträge durch

- ertragreicheres Saatgut
- wirksamere Düngung
- bessere Arten der Bodenbearbeitung.

1 Beschreibe den Weg der Zuckerrübe von der Saat bis zur Ernte.

2 Suche weitere Zuckerrübenanbaugebiete heraus (Atlas).

Obst für Hamburg

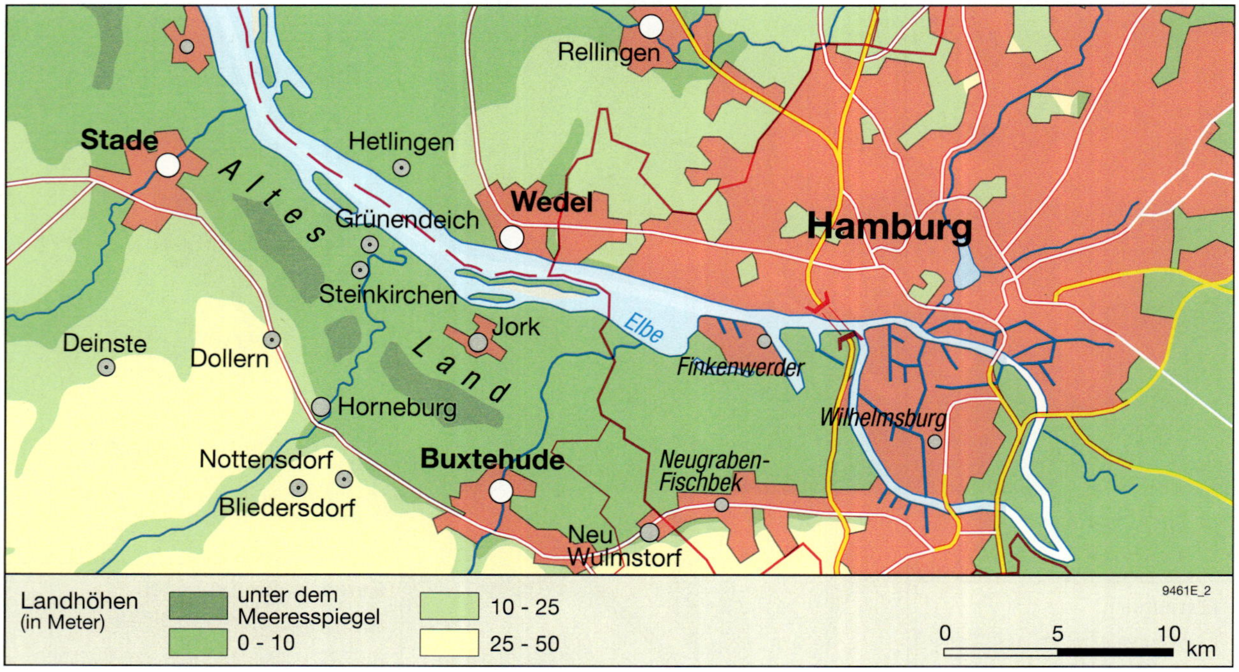

M1 *Lage des Alten Landes*

Obst aus dem Alten Land

Das **Alte Land** ist das größte zusammenhängende Obstbaugebiet Deutschlands. Es hat eine Anbaufläche von ungefähr 10800 ha (21600 Fußballfelder). Der Obstbau hat hier eine lange Tradition, er wurde erstmals 1321 in einer Urkunde erwähnt.

Der Marschboden und die besonderen klimatischen Verhältnisse lassen schmackhaftes Obst heranwachsen, das heute deutschland- und europaweit verkauft wird. Das Obst wird in etwa 1200 Betrieben angebaut.

Immer im April beginnt die Obstbaumblüte. Zuerst blühen die Kirsch-, Birnen- und Zwetschgenbäume. Anfang Mai beginnt dann die herrliche Apfelblüte, ein Anziehungspunkt für zahlreiche Touristen. Während der Blütezeit müssen die Obstbauern darauf achten, dass Nachtfröste die feinen Blüten nicht zerstören.

Aber auch andere Wettergefahren können den Anbau erschweren. Durch lange Regenperioden im Frühjahr werden die Bienen, die für die Befruchtung der Blüten zuständig sind, an ihrer Arbeit gehindert. Lange Trockenperioden können das Wachstum des Obstes einschränken. In zu langen Schlechtwetterperioden mit stark bedecktem Himmel reift das Obst nicht wie gewünscht aus. Außerdem können Schädlinge die Ernte verringern. Dies führt dann zu Verdiensteinbußen bei den Obstbauern.

M2 *Im Alten Land*

Versorgung durch Landwirtschaft

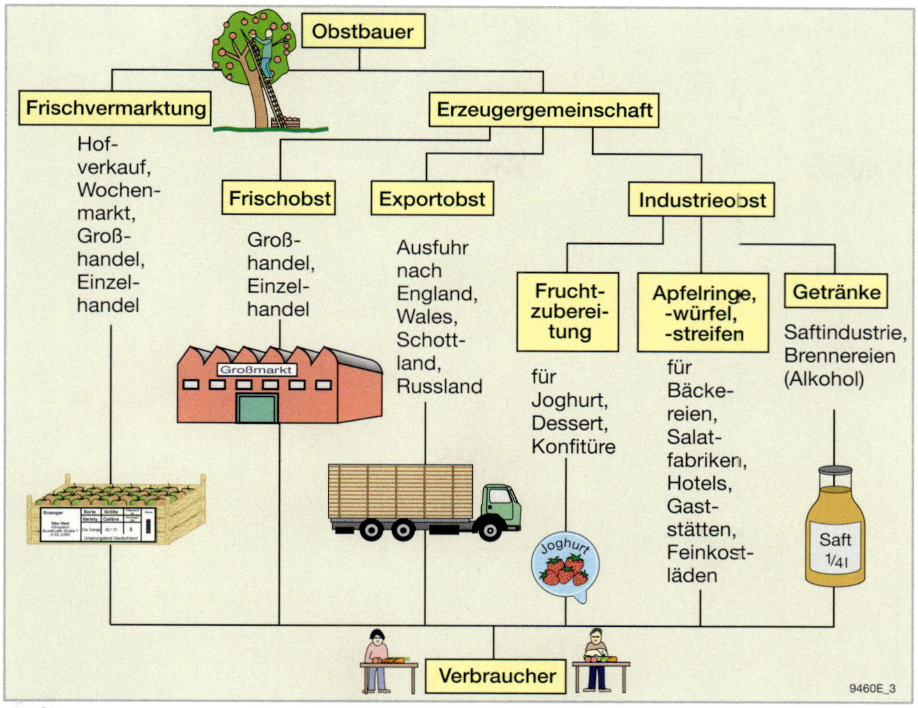

M3 *Obstanbau – vom Apfelbaum zum Verbraucher*

INFO

Erzeugergemeinschaft

Eine Erzeugergemeinschaft ist ein Zusammenschluss von Obstbauern zur Vermarktung ihrer Produkte. Das Obst wird an Sammelstellen sortiert, gelagert, abgepackt und an den Handel oder die Industrie geliefert. Das erspart den Obstbauern viel Arbeit, denn sie brauchen das Obst nicht selbst zu verkaufen. Sie verdienen dabei allerdings weniger als beim Direktverkauf an den Verbraucher.

Vitamine und viele wertvolle Mineralstoffe trägt ein Apfel in und unter seiner Schale. 17 kg Äpfel isst jeder Deutsche durchschnittlich im Jahr. Vor dem Verzehr sollten die Äpfel allerdings mit Wasser abgewaschen werden, um Ablagerungen von Umweltschadstoffen und Rückstände aus der Schädlingsbekämpfung zu beseitigen. Etwa jeder dritte in Deutschland geerntete Apfel stammt aus dem Alten Land.

M4 *Wissenswertes über den Apfel*

M5 *Eine Obstbäuerin bei der Apfelernte im Alten Land*

1. Beschreibe die Lage des Alten Landes (M1, Atlas).

2. Erkundige dich auf dem Wochen- oder im Supermarkt nach der Herkunft von verschiedenen Obstsorten.

3. Verfolge den Weg eines Apfels vom Obstbaum a) bis zu dir nach Hause, b) bis zur Apfelschorle.

M1 *Massentierhaltung – So kann der Landwirt viele Schweine auf wenig Fläche mästen.*

Massentierhaltung – zu welchem Preis?

Tiere in Massen

Jeder Deutsche verzehrt durchschnittlich 61 kg Fleisch im Jahr. Doch wie wird so viel Fleisch erzeugt? Und warum ist es nicht so teuer wie früher? Die Antwort ist: Die Landwirte haben die Menge ihrer Erzeugnisse gesteigert.

Ein Beispiel ist die **Massentierhaltung**. Sie gibt es bei Geflügel, Rindern und Schweinen. Die Tiere werden in großer Zahl auf engem Raum gehalten. Sogar Ställe mit bis zu 50 000 Schweinen gibt es an einigen Orten. Diese großen Betriebe haben computergesteuerte Fütterungsanlagen: Schweine oder Rinder tragen einen Chip im Ohr. Damit wird ihnen an der Futterstation automatisch die richtige Menge an Futter ausgeschüttet. Auf diese arbeitssparende Weise kann der Bauer sehr viele Tiere halten und nach kurzer Mastzeit verkaufen.

Für den Verbraucher kann das Fleisch preiswert und in großer Menge angeboten werden. Ist das Angebot sehr groß, fallen die Preise.

Kritiker bemängeln die Massentierhaltung. Sie sei nicht artgerecht. Auch belastet sie die Umwelt durch stinkende Abluft. Das Grundwasser kann durch die Gülle verunreinigt werden.

INFO

Intensivierung in der Landwirtschaft

Bei einer Intensivierung der Landwirtschaft werden auf gleicher Fläche mehr Tiere gehalten und Nahrungsmittel erzeugt als vorher.

Das heißt auf gleich großer Ackerfläche erzeugt der Landwirt eine größere Menge. Das gelingt ihm mit Dünger, besseren Maschinen oder dichterer Bepflanzung.

Bei der Viehhaltung heißt das, dass die Ställe stärker ausgenutzt sind. Mehr Tiere können von einer Person versorgt werden.

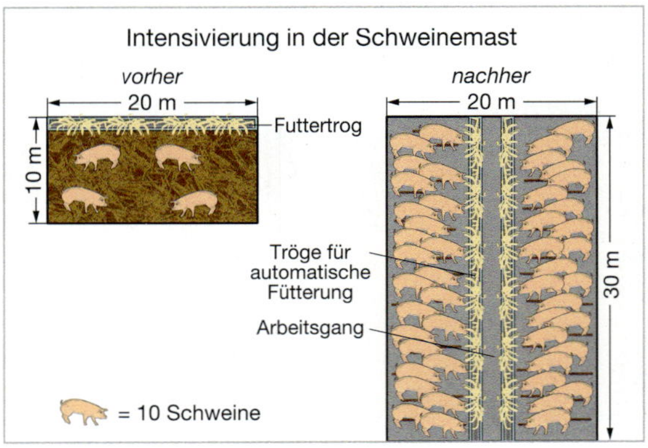

Versorgung durch Landwirtschaft

Eigentümer: Gebrüder Nooren aus den Niederlanden
Beschäftigte: 60 Mitarbeiterinnen und Mitarbeiter
Betriebsgelände: Ehemaliger Flugplatz in Allstedt
Tiere: 7 500 Sauen, 26 000 Ferkel, 20 000 Mastschweine
Maststall: Fast zwei Hektar groß, gleichmäßig 20 °C Innentemperatur, gedämpftes Neonlicht, automatische Fütterung und Entmistung
Umwelt/Tierhaltung: Selten Erkrankungen dank guter Belüftung, ausreichendem Platz für Sauen und Masttiere; Verbrennen der Gülle in der Biogasanlage zur Stromerzeugung – dadurch weniger Geld für Strom und Gülle-Entsorgung

M2 *Steckbrief eines Großbetriebes bei Allstedt in Sachsen-Anhalt*

M4 *Lebenslauf der Mastschweine in Allstedt*

M5 *Die Lage von Allstedt*

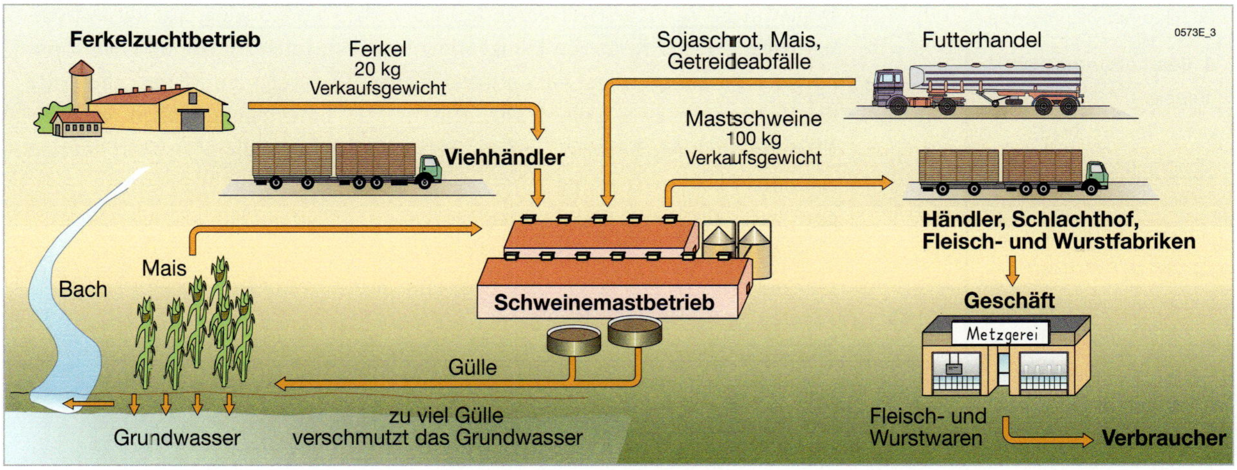

M3 *Schweinemast in Allstedt – vom Ferkel zum Verbraucher*

❶ Beschreibe das Leben von Schweinen in der Massentierhaltung.

❷ Erläutere, mit welchen anderen Betrieben ein Schweinemastbetrieb wie in Allstedt in Verbindung steht (M3).

❸ Untersuche, ob die folgenden drei Merkmale auf den Betrieb in M2 zutreffen. Begründe deine Antwort:
a) hohe Kosten,
b) Spezialisierung,
c) intensive Landwirtschaft.

❹ Intensivierung in der Landwirtschaft kostet Geld und bringt Geld. Erkläre das am Beispiel der Massentierhaltung.

❺ „Massentierhaltung – eine große Schweinerei!" Äußere deine Meinung.

INTERNET

Informationen zur Massentierhaltung:
www.helles-koepfchen.de/massentierhaltung

Fachtexte auswerten

1. Bearbeitungsschritt
(Beispiel:
erster Textabschnitt):
unbekannte Wörter
existieren: vorhanden sein, bestehen
Viehdichte: Zahl der Tiere bezogen auf die Fläche

2. Bearbeitungsschritt
(Beispiel:
zweiter Textabschnitt):
Zwischenüberschrift
Unnatürliche Art der Tierhaltung in Ställen mit Massentierhaltung

3. Bearbeitungsschritt
(Beispiel:
dritter Textabschnitt):
Schlüsselwörter
Beißender Geruch, Wohn- und Freizeitqualität, Gesundheitsprobleme

4. Bearbeitungsschritt
(Beispiel:
vierter Textabschnitt):
Inhaltsangabe
Immer mehr Verbraucher kritisieren die Fleischqualität, weil im Fleisch verbleibende Reste von Dünger und Medikamenten für die Menschen gesundheitsschädlich sein können.

5. Bearbeitungsschritt
(ganzer Text):
Absicht des Autors
Der Autor will über die schädlichen Folgen der Massentierhaltung informieren und fordert dazu auf, lieber teureres, aber dafür gutes Fleisch zu kaufen.

Es stinkt zum Himmel – Dicke Luft aus Tierfabriken

In der Umgebung der Städte Oldenburg, Vechta und Cloppenburg werden mehr als drei Millionen Schweine und außerdem noch 30 Millionen Geflügeltiere gehalten. Dort in Niedersachsen existiert die größte Viehdichte Europas. Im sogenannten „Gülledreieck“ stinkt es zum Himmel und das liegt nur zeitweise an der Gülle.

Auf den Höfen mit Massentierhaltung leben die Nutztiere zusammengepfercht in ihren Ställen. Die unnatürliche Art der Tierhaltung bereitet ihnen großen Stress. Immer wieder kommt es zu gegenseitigen Verletzungen: Hühner picken sich, Schweine beißen einander in die Ohren. Die Tiere werden anfällig für Krankheiten. Die Ansteckungsgefahr ist hoch. Eine Seuche im Stall kann den ganzen Betrieb ruinieren. Aus diesem Grund erhalten die Tiere zur Vorbeugung gegen Krankheiten Medikamente, zum Beispiel Antibiotika.

Aber es stinkt nicht allein in den Ställen. Manche Anwohner dieser „Agrarfabriken“ können“ den beißenden Geruch aus den Stalllüftungen nicht mehr ertragen. Durch den dauernden Gestank sinkt die Wohn- und Freizeitqualität in der Umgebung. Die Abluft enthält Bakterien. Sie gelangt meist ungefiltert nach außen. Dadurch haben hier viele Menschen, vor allem Kinder, Gesundheitsprobleme. Laut Auskunft eines Landarztes leiden sie unter Kopfschmerzen, Augenbrennen und Husten. Sehr viele Landwirte aus der Massentierhaltung haben sogar chronischen Husten.

Immer mehr Verbraucher dagegen kritisieren die Fleischqualität aus der Massentierhaltung. Denn Reste von Dünger oder Medikamenten bleiben im Fleisch verborgen. Das kann unserer Gesundheit schaden. Dazu sagt ein Mäster: „So lange die Verbraucher zwei halbe Hähnchen für fünf Euro kaufen wollen, wird die Massentierhaltung bleiben. Und wir Mäster wären ohne die Massenproduktion auch nicht konkurrenzfähig.“

(Nach Martin Welp: Dicke Luft vom Bauernhof. Reportage im Fernsehsender Phoenix vom 2.1.2001)

1 Untersuche: Welche Folgen hat die Massentierhaltung für Menschen, Tiere und Umwelt? Bearbeite dazu den Text „Es stinkt zum Himmel – Dicke Luft aus Tierfabriken“ so, wie in den Schritten 1 bis 5 angegeben. Beachte auch die Lösungsbeispiele neben dem Text.

◁ **M1** *Kleingruppenkäfig mit Dämmerbeleuchtung und Staubbad auf halber Käfighöhe.*

Fünf Schritte bei der Bearbeitung eines Textes

1. Lest den Text aufmerksam durch. Schlagt im Lexikon die euch unbekannten Wörter nach.
2. Gliedert den Text in Abschnitte, indem ihr euch jeweils das Ende eines Sinnabschnittes merkt oder notiert. Formuliert dann für jeden Abschnitt eine zum Thema der Aufgabe passende Zwischenüberschrift.
3. Schreibt aus jedem der Abschnitte einige wenige Begriffe heraus, die euch für den Inhalt wichtig erscheinen oder ihn leicht erschließen lassen (Schlüsselwörter).
4. Fasst nun mithilfe der Schlüsselwörter und Zwischenüberschriften den Text Abschnitt für Abschnitt in vollständigen Sätzen zusammen. So erhaltet ihr eine Inhaltsangabe des gesamten Textes.
5. Überlegt euch nun, welche Absichten der Autorin oder des Autors dem Text zugrunde liegen: Will der Text hauptsächlich über etwas informieren oder hauptsächlich eine Meinung äußern oder hauptsächlich zu etwas auffordern?

M3 *Ökologisch produziertes Schweinefleisch kostet etwa das Doppelte, wie Schweinefleisch aus Massentierhaltung.*

Masse muss sein! Diskussion über Tierhaltung

Zur Massentierhaltung gibt es in der Bevölkerung unterschiedliche Vorstellungen. Viele Mitbürger sind der Meinung, dass die Tiere heute weniger artgerecht gehalten werden als früher. Laut Verordnung gilt der Begriff Massentierhaltung ab einem Bestand von 1250 Tieren! Viele Nicht-Landwirte verwenden den Begriff aber bereits bei 100 Tieren. Doch allein die Zahl der Tiere in einem Stall sagt nichts über die Art der Haltung und die Umweltgerechtigkeit aus.

Wichtig für das einzelne Tier sind saubere Ställe, eine gute Fütterung, gesundes Stallklima, eine sorgfältige Tierbeobachtung und eine gute Betreuung. Nur dann fühlen sie sich wohl, wachsen gesund auf und liefern große Mengen an Milch oder Eiern. Nur dann hat der Landwirt einen finanziellen Erfolg.

Die Tierhaltung ist das wichtigste Standbein der deutschen Landwirtschaft. Die deutschen Landwirte halten sich an die europaweiten Verordnungen und übertreffen sie sogar. Um im Wettbewerb mit Landwirten aus anderen Ländern Europas mithalten zu können, müssen deutsche Landwirte große Tierbestände haben. Letztlich ist das auch im Interesse der Verbraucher. So können den Käufern hochwertige Nahrungsmittel zu einem angemessenen Preis angeboten werden.

Vergleicht man die Größe der Betriebe mit anderen Ländern, halten die deutschen Landwirte nur eine mittelgroße Menge an Tieren.

(Vereinfacht nach „information.medien.agrar" (i.m.a.): Massentierhaltung – was ist das? 3 Minuten Info. www.ima-agar.de, 2009)

◁ **M2** *Fleisch ist unter anderem beim Grillen sehr beliebt. Strittig ist, ob zur Erzeugung von günstigem Fleisch die Massentierhaltung gerechtfertigt ist.*

❷ Auch der Text „Masse muss sein! Diskussion über Tierhaltung" zeigt Meinungen und Erklärungen zur Massentierhaltung auf. Werte diesen Text mithilfe der fünf Schritte oben aus.

❸ Stell dir vor, dass das Fleisch doppelt so viel kosten würde. Berichte von deinen Überlegungen.

Bio? Aber logisch! – Die ökologische Wirtschaftsweise

M1 *Öko-Landwirtschaft macht viel Arbeit: Täglich werden die Kühe von der Weide in den Melkstall getrieben.*

M3 *Hofeigene Nachzucht – kleines Kalb im Kälber-Iglu*

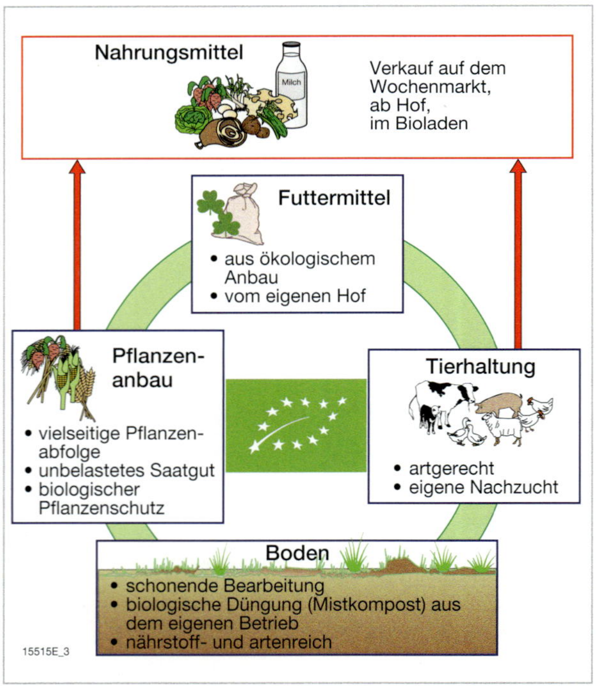

M2 *Ökologische Landwirtschaft – Wirtschaften im natürlichen Kreislauf*

INFO

Biosiegel

Öko-Betriebe werden jährlich kontrolliert. Das Biosiegel garantiert dem Verbraucher, dass das Produkt nach ökologischen Regeln hergestellt wurde.

Öko-Landwirtschaft – was bedeutet das?

In der **ökologischen Landwirtschaft** arbeitet ein typischer Hof in einem selbstständigen, natürlichen Kreislauf. Das Futter für die Tiere wird auf eigenen Feldern angebaut. Mit dem anfallenden Mist werden die Ackerflächen gedüngt. Dadurch wird der Boden fruchtbar und bringt neues, gutes Futter. So braucht man weniger künstlichen Dünger. Das ist eine sogenannte „nachhaltige Wirtschaftsweise". Man kann sie viele Jahre betreiben, ohne dass der Boden belastet wird.

Kühe, Schweine und Hühner erhalten bei einer ökologischen Landwirtschaft viel Platz im Stall und auch draußen. Es wird eine **artgerechte Tierhaltung** angestrebt. Die Zahl der Tiere richtet sich danach, ob ausreichend Viehfutter auf dem eigenen Hof angebaut wird. Der Boden wird schonend bearbeitet. Er darf nicht zu fest werden, wenn die Pflanzen gut wachsen sollen. Ein abwechslungsreicher Fruchtwechsel verhindert, dass dem Boden einseitig Nährstoffe entzogen werden.

In der Öko-Landwirtschaft braucht man viele Arbeitskräfte. Das macht die erzeugten Nahrungsmittel teuer. Sie werden meist im Hofladen, auf dem Wochenmarkt oder in Bioläden verkauft.

Die Öko-Landwirtschaft wird in Deutschland zwar immer wichtiger, aber es gibt sie nur in 19000 von insgesamt 300000 Betrieben.

M4 *Frau Maas verkauft ökologisch gezogene Gemüsesetzlinge*

M7 *Die Lage von Velbert (bei Essen)*

M5 *Konstantin beim Sortieren der Eier*

„1990 haben meine Frau und ich den Betrieb schuldenfrei geerbt. Wie andere Landwirte auch mussten wir überlegen, wie wir mit dem Hof das Familieneinkommen sichern können. Damals waren die Getreidepreise noch sehr hoch und es gab gerade die erste staatliche Unterstützung für Biobauern. Dieses Geld wollten wir gern bekommen.
Darüber hinaus hat es uns interessiert, im ökologischen Kreislauf zu wirtschaften. Dazu passte es gut, dass der Hof ein Mischbetrieb mit Hühnern, Kühen, Schweinen und Getreideanbau war. Das haben wir bis heute beibehalten. Wir bewirtschaften 70 ha Land, davon sind 25 ha Grünland. Auf 15 ha bauen wir nur Gemüse an. Wir halten 2000 Legehennen, 30 Schweine, 35 Milchkühe und 50 Schafe. Die Jungtiere stammen aus eigener Aufzucht; das Futter bauen wir selbst an. Für all diese Arbeiten brauchen wir viele Arbeitskräfte: außer meiner Frau und mir sind das noch zwei Festangestellte, ein Azubi, eine Praktikantin, drei Aushilfen; zeitweise helfen die Kinder.
Unser Erfolgsrezept ist der Direktverkauf im Hofladen, auf zwei Wochenmärkten und im Bioladen in Essen. Weil wir vielseitig sind, haben die Kunden mehr Auswahl. In der Nähe einer Großstadt lohnt sich das. Viele Produkte sind zudem von Vorteil, wenn eines mal nicht gut läuft oder es eine Missernte gibt."

M6 *Wie der Öko-Betrieb funktioniert – Bericht von Herrn Maas aus Velbert*

1 Erkläre wichtige Begriffe der ökologischen Wirtschaftsweise (M2):
a) schonende Bodenbearbeitung;
b) biologische Düngung;
c) biologischer Pflanzenschutz;
d) artgerechte Tierhaltung.

2 Erkläre, inwiefern der Hof Maas typisch für die ökologische Landwirtschaft ist (M4–M6).

3 Notiere Vorteile, die mit der „nachhaltigen Wirtschaftsweise" verbunden sind.

4 Bio-Produkte sind meist teurer als die von normalen Bauernhöfen. Sollte man sie trotzdem kaufen?
Finde Argumente dafür und dagegen und nimm Stellung.

INTERNET

Informationen zum Ökolandbau:
www.oekolandbau.de

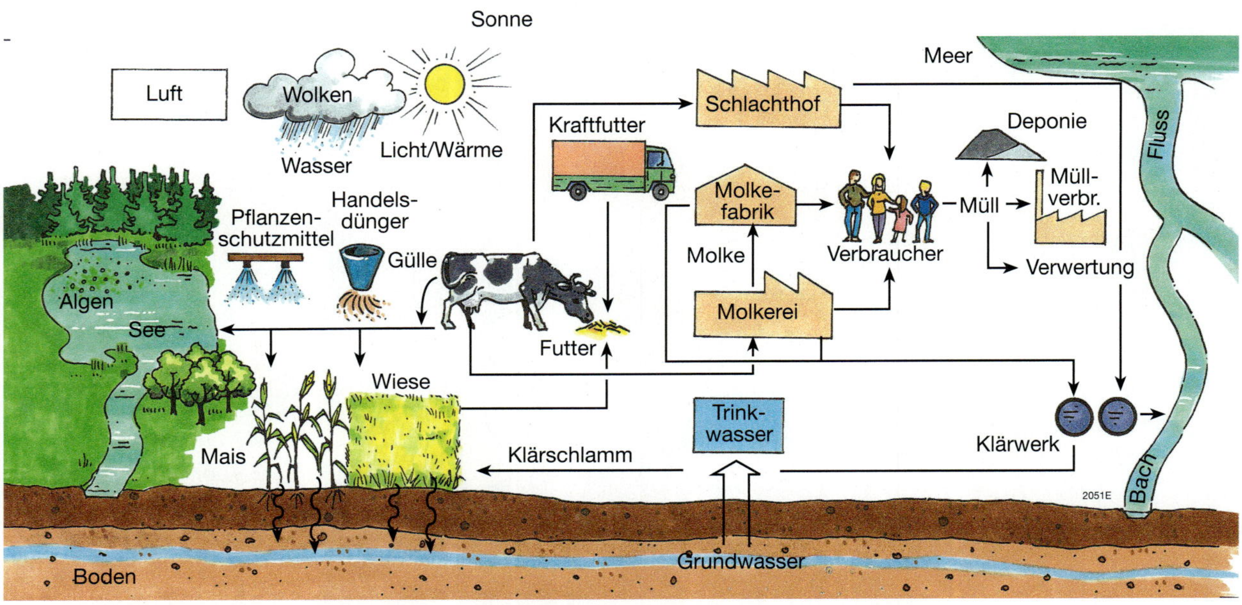

M1 *Milchwirtschaft – von der Kuh zum Verbraucher*

Weiterverarbeitung von Agrarprodukten – aus Milch wird Käse

Rohstoffe aus der Landwirtschaft

Viele landwirtschaftliche Erzeugnisse werden nicht direkt verzehrt, sondern dienen als Rohstoffe für die Herstellung anderer Produkte.
Auch Milch wird nur zu einem geringen Teil als Frischmilch getrunken. Der größte Teil wird zu Käse oder zu anderen Milchprodukten weiterverarbeitet. Bestandteile der Milch sind nicht nur in Wurst und Süßigkeiten, sondern auch in Kosmetikartikeln und biologischen Wandfarben enthalten.

M2 *Produkte, in denen Milcheiweiß enthalten ist*

Viele landwirtschaftliche Erzeugnisse dienen auch gar nicht mehr der Ernährung. Aus Raps wird zum Beispiel Biodiesel gewonnen, aus Mais können Verpackungsmaterialien hergestellt werden und aus Getreide oder Gras lässt sich auch Biogas gewinnen. So sind viele Bäuerinnen und Bauern heute in erster Linie Produzenten von **nachwachsenden Rohstoffen**.
In Universitäten und anderen Forschungseinrichtungen wird versucht, weitere Anwendungsmöglichkeiten für Rohstoffe aus der Landwirtschaft zu finden.

INFO

Forschung in der Landwirtschaft

Die Forschung in der Landwirtschaft hat vor allem zwei Ziele: Zum einen sollen Wege gefunden werden, den Ertrag zu erhöhen. Deshalb werden zum Beispiel neue Pflanzen- und Tiersorten gezüchtet.
Zum andern suchen Forscherinnen und Forscher nach weiteren Einsatzmöglichkeiten für nachwachsende Rohstoffe. Diese gelten als besonders umweltschonend und sind daher für unsere Zukunft äußerst wichtig.

M3 *Käsekessel*

M4 *Forschungsobjekt Molke; Käsekeller*

❶ Überlege, was im Schaubild M1 alles ausgesagt wird und fasse dies dann in eigene Worte.

❷ „Wir Landwirte sind heute in erster Linie Produzenten von Rohstoffen." Erkläre diesen Satz einer Bäuerin.

❸ Orientiere dich: Erstelle einen kurzen Steckbrief zur Region Allgäu. Gehe dabei ein auf die Lage, das Klima und die Milchwirtschaft (Atlas).

❹ Zeichne ein Schaubild mit der Überschrift „Von der Milch zum Käse".

M6 *Die Lage von Leutkirch-Adrazhofen im Allgäu*

❺ Fertigt aus Verpackungsmaterialien, in denen einmal der „Abfall" Milcheiweiß mit enthalten war, eine Bild-Collage (im DIN-A4-Format) an.

In der Käserei Leutkirch-Adrazhofen

Freitag, 8:00 Uhr

Soeben fährt der erste Milchtankwagen in den Hof der Emmental-Käserei in Adrazhofen bei Leutkirch im Allgäu. Auf seiner ersten Route hat der Fahrer von 28 Bauern der Umgebung 9 000 l Milch eingesammelt. Insgesamt werden er und seine Kollegen heute 150 000 l Milch von 400 Milchbauern abholen.

In der Käserei wird die Milch zunächst in eine Zentrifuge gepumpt, in der ein Teil des Fettes entfernt wird. Aus dem Rahm werden dann 2 000 kg Butter hergestellt.

Samstag, 1:00 Uhr

Angewärmt kommt die Milch in die großen Käsekessel. Dort wandelt das Lab (ein Spaltstoff) das in Milch gelöste Eiweiß „Kasein" (lateinisch „caseus": „Käse") in eine feste Form um. Der Käser erwärmt nun die Kessel auf 51 °C; so kann das Lab noch besser „arbeiten". Um 3:00 Uhr kommt der Inhalt der Käsekessel in die Käsepressen. Dort werden über viele Stunden hinweg 110 000 l flüssige Molke (= Milcheiweiß) herausgepresst. Früher wurde die Molke an Schweine verfüttert oder weggeschüttet. Heute ist sie ein wertvoller Rohstoff. Um 21:00 Uhr nimmt man den Käse aus den Formen und legt ihn für drei Tage in ein Salzbad, in dem sich die Rinde ausbildet.

Dienstag, 16:00 Uhr

Die elf Tonnen Käse, die aus den 150 000 l Milch gewonnen wurden, lagern nun für acht Wochen im Reifungskeller. Die berühmten Löcher bekommt der Käse von Bakterien, die bei der Gärung Gasblasen hinterlassen.

In der benachbarten Molke-Fabrik

Hier wird die Molke aus Baden-Württemberg, Bayern und Österreich gesammelt und von 150 Beschäftigten rund um die Uhr verarbeitet. Mit modernster Labortechnik werden aus 1,5 Mio. l Molke pro Tag 30 t Milchzucker, 10 t Spezialeiweiß für medizinische Zwecke, 35 t Eiweißpulver und viele andere Stoffe gewonnen.

M5 *Käseherstellung*

Landwirtschaftliche Nutzung in Deutschland – Überblick

Das Tiefland, die Mittelgebirge (z. B. Harz, Westerwald) und das Hochgebirge Alpen werden sehr unterschiedlich genutzt:

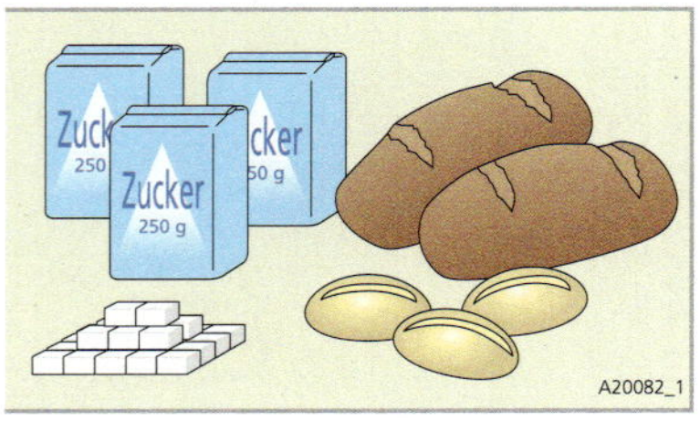

Dort, wo der Boden fruchtbar genug ist, betreiben die Landwirte Ackerbau. Sie bauen in den besonders fruchtbaren Regionen zum Beispiel Zuckerrüben und Weizen an. Das sieht man in den norddeutschen Börden und in einigen Teilen Süddeutschlands.

In den Flusstälern und in anderen Gebieten mit warmem und regenarmem Klima werden Wein und auch Obst angebaut. Sie würden in kühlen und feuchten Regionen nur schlecht gedeihen.

Wo die Niederschläge hoch sind und der Boden nährstoffarm ist, findet man Wiesen und Weiden. Auf den Weiden grasen Rinder oder Schafe. Das ist zum Beispiel an der Küste, in den Tälern der Mittelgebirge oder an den Hängen der Hochgebirge der Fall.

Viele Gebiete lassen sich weder durch Ackerbau noch durch Weidewirtschaft nutzen. Größtenteils wächst hier Wald. Auch er kann wirtschaftlich genutzt werden: Das Holz von gefällten Bäumen wird verkauft. Auf den freien Flächen werden wieder junge Bäume gepflanzt.

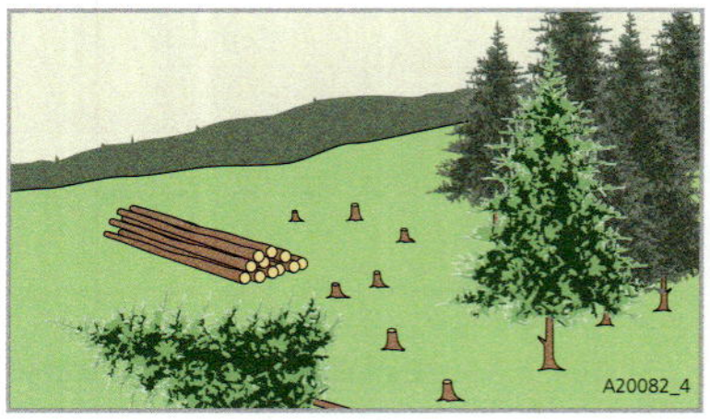

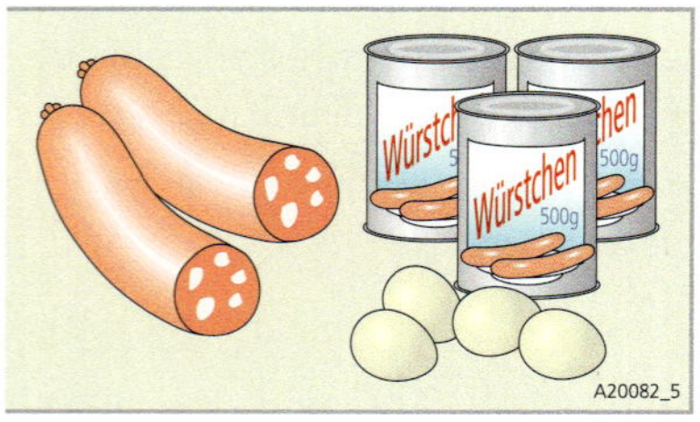

Massentierhaltung von Schweinen und Hühnern kann überall in Deutschland betrieben werden. Sie ist vom Boden und vom Klima unabhängig. Große Ställe kann man fast überall errichten. Das Futter für die Tiere wird oft von weit her angeliefert. Dennoch gibt es Regionen mit besonders viel Massentierhaltung, zum Beispiel in Niedersachsen.

Obst und Gemüse werden häufig auch in der Nähe großer Städte angebaut. So können die Menschen jeden Tag frische Ware kaufen. In Gewächshäusern ist der Anbau überall möglich. Die Glashäuser werden künstlich beheizt und auch bewässert.

Auch die ökologische Landwirtschaft ist an keine bestimmte Landschaft gebunden. So kann man zum Beispiel überall Biobauern finden. Sie bauen Obst, Gemüse und Getreide ökologisch an. Sie verzichten auf künstlichen Dünger und chemische Pflanzenschutzmittel. Andere Biobauern mästen artgerecht Schweine oder halten Milchkühe.

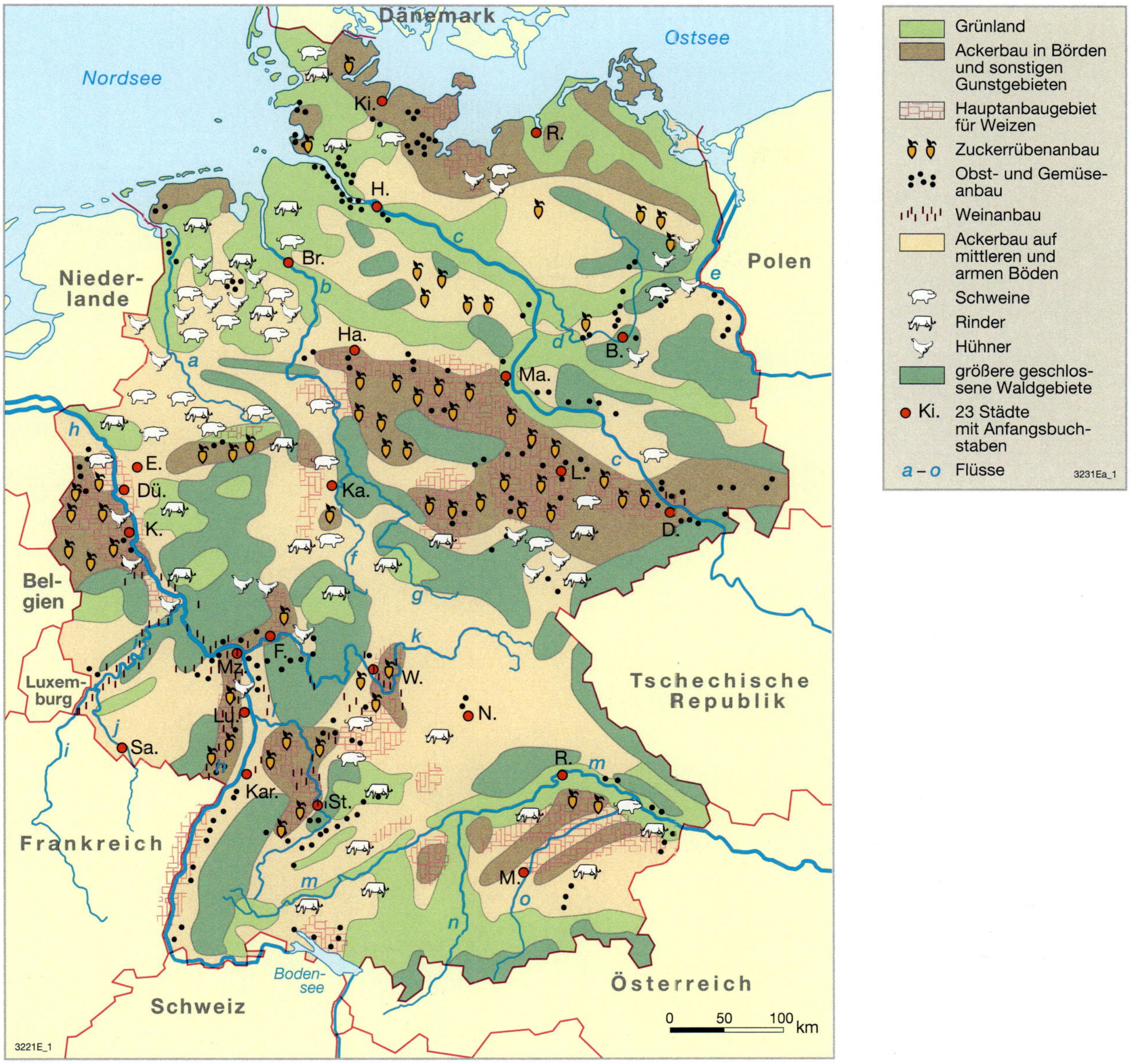

M1 *Landwirtschaftliche Nutzung in Deutschland*

Löse die folgenden Aufgaben 1 – 3 mithilfe von M1 und der Karte „Deutschland – physisch" im Atlas.

1 Weizen und Zuckerrüben werden auf fruchtbaren Böden angebaut. Finde die Namen von vier Städten in diesen Regionen.

2 Nenne
a) drei Flüsse, an denen Weinbau betrieben wird;
b) fünf Großstädte, bei denen im Umkreis von 40 km Hauptanbaugebiete für Obst und Gemüse liegen;
c) sechs Mittelgebirge, die zu großen Teilen von Wald bedeckt sind (Atlas).

3 Rinder und Schweine werden sowohl im Norddeutschen Tiefland als auch in den Mittelgebirgen und dem Alpenvorland gehalten.
Nenne aus jeder der drei genannten Großlandschaften zwei Flüsse.

4 „Tosb und Eniw werden oft in Tullfässern angebaut."
a) Hoppla! Da ist was durcheinandergeraten. Schreibe den Satz richtig auf.
b) Nenne für die Aussage zwei Beispiele aus der Karte.

Freizeitgestaltung mit Auswirkungen

Nordsee – Alpen – Mittelmeer: Collage

PLAYA DE PALMA
always
Coca-Cola

Wenn einer eine Reise tut …

Wer die Wahl hat, hat die Qual

Jedes Jahr verbringen Millionen Menschen ihren Urlaub an der Nord- und Ostsee, in den Alpen und am Mittelmeer. Sie wollen den Alltag vergessen, sich entspannen und erholen. Einige wollen auch interessante Sehenswürdigkeiten besuchen und andere Länder kennenlernen.
Viele Menschen haben das Bedürfnis, wenigstens einmal im Jahr zu verreisen. Dies hat mit steigendem Wohlstand, kürzeren Arbeitszeiten und damit längerem Urlaub zu tun.
Aber auch an den Wochenenden sind viele Menschen unterwegs. Sie besuchen die **Naherholungsgebiete** in der Nähe ihres Wohnortes. Um diese zu erreichen, fahren sie mit dem Auto, mit dem Fahrrad oder auch mit öffentlichen Verkehrsmitteln. Für längere Urlaubsreisen oder weiter entfernte Reiseziele werden andere Transportmittel, wie Fernbahn, Flugzeug, Bus oder Schiff genutzt.
Auch das Auto ist bei längeren Fahrten beliebt. Deshalb kommt es insbesondere in der Hauptsaison sowie zu den Feiertagen zu Verkehrsstaus. Viele Familien können nur in den Schulferien verreisen. Sie müssen in der Regel Staus, Warteschlangen bei der Abfertigung auf den Flughäfen, Gedränge in den Urlaubsorten und höhere Preise in Kauf nehmen.
Die Freizeitangebote in den Erholungsgebieten sind vielfältig. Das Angebot reicht vom Badeurlaub bis zum Erlebnisurlaub. Durch die Nutzung dieser Angebote wirken die Menschen auf die Erholungsräume ein, sie verändern sie. Oft geschieht dies zum Schaden der Natur.

INFO

Hauptsaison und Nebensaison

Die Hauptsaison ist für einen Urlaubsort die Zeit des Jahres, in der die meisten Feriengäste kommen, z. B. in den Schulferien. Die Nebensaison ist die Zeit des Jahres, in der in einem Urlaubsort nicht so viele Gäste sind.

1 Notiere in einer Tabelle, an welchen Orten und auf welche Arten du deine Freizeit gestaltest.

2 Erkläre, wie Urlaub und Freizeitaktivitäten die Landschaft verändern können (M1).

M1 *Urlaubsfreuden?*

Buchung einer Pauschalreise

Werner (35), Petra (33) und Tina (11) Frisch möchten in den Sommerferien drei Wochen Badeurlaub machen. Sie studieren einen Katalog und rechnen die Kosten der Reise aus. Sie vergleichen die Preise für die Unterkunft in einem Hotel und in einer Appartement-Anlage.

3 Berechne den Reisepreis (3 Wochen, Reisezeit C) für eine andere Familie (2 Erwachsene, 2 Kinder). Sie benötigt zwei Zimmer im Hotel Riu Playa Park mit Vollpension (keine Kinderermäßigung).

Rechenbeispiel:

Appartement:
3 Personen für je 850 €
3 x 850 € = <u>2550 €</u>

Hotel:
2 Personen für je 822 €
2 x 822 € = 1644 €

Tina Frisch kann im Hotel in einem Zustellbett im Zimmer der Eltern schlafen. Dadurch ermäßigt sich der Reisepreis. Für Tina braucht Familie Frisch nur die Hälfte des Erwachsenen-Preises zu zahlen:
822 € : 2 = 411 €
1644 € + 411 €
= <u>2055 €</u>

In Reisekatalogen findest du Beschreibungen von Orten und Hotels, die du genau lesen solltest. Nicht jeder versteht die Reisekatalog-Sprache und ist dann enttäuscht, wenn er am Urlaubsort ankommt.

Einige Beispiele:

„direkt am Meer liegend“	– sagt nichts darüber aus, ob ein Strand vorhanden ist;
„breite Uferpromenade“	– kann mehrspurige Straße bedeuten;
„Meerseite“	– heißt nicht Meeresblick;
„nur 250 m bis zum Meer“	– möglicherweise ist dort kein Strand;
„landestypische Bauweise“	– Zimmer können hellhörig sein und schlicht eingerichtet;
„landestypische Einrichtung“	– kann einfache Möblierung bedeuten.

Hotel Riu Playa Park

Appartements Biarritz

Flugtage, Reisezeiten

Juli					
Köln	2	9	16	23	30
	C	E	D	D	D

A20133_2

				C 1	C 2	C 3	D 1	D 2	D 3	E 2	E 3
Appartements Biarritz ☆☆☆			Aufenthalt in Wochen	1	2	3	1	2	3	2	3
BD/WC/WO/BK/MB App.	3	ÜF		502	704	907	519	738	957	817	1075
BD/WC/WO/BK/MB App.	3	HP		558	817	1075	575	850	1126	924	1226
Hotel Riu Playa Park ☆☆☆											
BD/WC/BK Doppel	2	HP	❶	558	822	1087	519	822	1087	901	1205
BD/WC/BK Doppel	2	VP	❶	586	879	1171	589	884	1179	957	1289
❶ Ermäßigung für 1 Kind 2–11 Jahre im Zustellbett bei 2 Vollzahlern				50%			50%			50%	

Zeichenerklärung

BD Bad
WC Toilette
BK Balkon
WO Wohnzimmer mit Kochnische
MB Meeresblick
ÜF Übernachtung mit Frühstück
HP Halbpension (Frühstück und Mittag- oder Abendessen)
VP Vollpension (Frühstück, Mittag- und Abendessen)
App. Appartement
3 drei Personen
2 zwei Personen

M2 *Auszug aus dem Reisekatalog*

Pro- und Kontra-Argumente finden

Wohin soll die Reise gehen?

Süderlings planen den nächsten Urlaub. Sie haben sich verschiedene Reiseprospekte besorgt und schauen nun die Angebote an. Die erste Frage ist: Fahren wir in die Berge oder fahren wir ans Meer? Süderlings diskutieren zunächst einmal über die Wahl des Urlaubsziels:

Frau Süderling liest aus den Reiseprospekten vor und nennt Gründe, die für einen Urlaub am Meer sprechen.
Herr Süderling möchte ins Gebirge. Er führt Gründe an, die die Nachteile eines Urlaubs am Meer beschreiben.
Timo und Eva sollen nun auch ihre Meinung sagen. Sie haben andere Vorstellungen.

Urlaub am Meer – das ist Erholung!

Glasklares Wasser, lange Sandstrände und Sonne. Hier können Sie schwimmen, surfen, tauchen oder einfach in der Sonne liegen. Für Kinder und Jugendliche bieten wir ein umfangreiches Programm: Strandspiele, Wettschwimmen, Wasserspiele, Boccia und Beach-Volleyball. Bei uns finden Sie moderne, komfortable Hotels mit Meerblick und Unterhaltungsangeboten oder kleine Pensionen und Ferienwohnungen.

Urlaub in den Bergen – das ist das Richtige für sportlich Interessierte!

Wandern Sie durch die wunderschöne Welt der Berge oder fahren Sie mit Mountainbikes bergauf und bergab. Genießen Sie den unvergleichlichen Blick von den Gipfeln der Berge. Sie können auch Klettertouren unternehmen oder sich von unseren Bergbahnen zu den Höhenwanderwegen bringen lassen. Traumhafte Bedingungen gibt es auch für Drachen- und Gleitschirmflüge.

M1 *Aus einem Reiseprospekt*

Was heißt Pro und Kontra?

Als ***Pro-Argumente*** bezeichnet man Gründe, die für eine Sache sprechen.

Als ***Kontra-Argumente*** bezeichnet man Gründe, die man dagegen anführen kann.

So legst du eine Tabelle für Pro- und Kontra-Argumente an

In der Spalte „Pro" notierst du die Gründe, die für eine Sache sprechen. In die Spalte „Kontra" kommen die Gründe, die dagegensprechen.

Pro	Kontra

M2 *Collage zu Städtereisen*

1 a) Notiere in einer Tabelle die Pro-Argumente für einen Urlaub am Meer, die Frau Süderling aus dem Prospekt vorliest (M1).
b) Überlege Gründe, die Herr Süderling nennen könnte, und trage sie in die Kontra-Spalte ein (M1).

2 Arbeitet in einer Kleingruppe. Legt eine Tabelle mit Pro- und Kontra-Argumenten zu einem Urlaub am Meer an, die ihr persönlich für treffend haltet (M1).

3 Notiere Pro- und Kontra-Argumente, die bei Diskussionen über das Urlaubsziel deiner Familie denkbar sind.

4 Im Urlaub kann man auch Städtereisen unternehmen Berlin, Paris und London sind beliebte Reiseziele. Für welche Stadt würdest du dich entscheiden?
a) Arbeitet in Kleingruppen. Informiert euch im Internet oder in anderen Medien über die Städte. Notiert eure Gründe, die für diese Reise sprechen.
b) Überlegt euch auch Gründe, die gegen die beiden anderen Reiseziele sprechen.
c) Legt als Gruppenergebnis eine Tabelle an, in der ihr eure Pro- und Kontra-Argumente festhaltet.

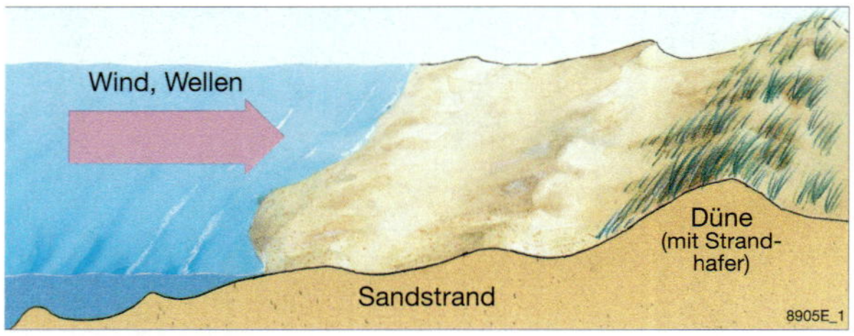

M1 *Flachküste*

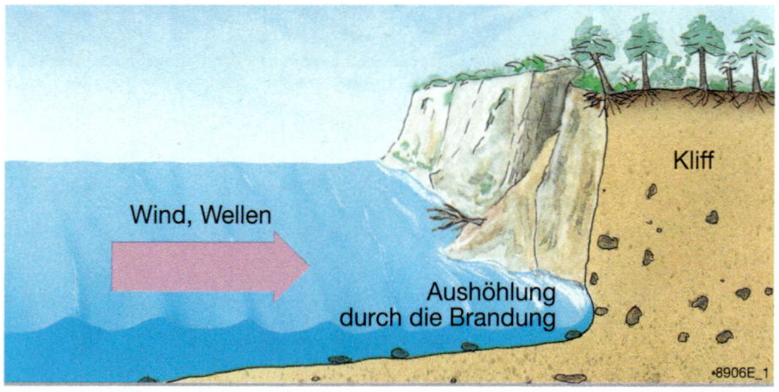

M2 *Steilküste*

M3 *Steilküste (Kap Arkona, Rügen)*

Die Küsten – von vielen beansprucht

Die Küsten Deutschlands

Überall in Europa gibt es lohnende Ferienziele, aber besonders beliebt sind die Küsten der Meere. Deutschland hat Anteil an der Nordseeküste und an der Ostseeküste.

Die Nordsee wird durch den ständigen Wechsel von **Ebbe** und **Flut**, den **Gezeiten**, bestimmt. Der Meeresspiegel senkt und hebt sich. Zweimal täglich fallen bei Ebbe bis zu 30 km Meeresboden entlang der Küste trocken (M6). Dieser Bereich ist das **Wattenmeer**. Die Nordseeküste ist eine Wattenküste.

Die Ostsee ist ein **Binnenmeer**. Sie ist nur durch eine schmale Stelle mit dem Atlantischen Ozean verbunden. Hier treten die Gezeiten kaum auf.

Der Naturraum der Küsten ist unterschiedlich. An den Flachküsten, die aus Sand und Kies bestehen, fällt der Strand allmählich zum Meer hin ab.

Die Küste verändert sich ständig, weil die Wellen Sand abtragen und an anderer Stelle wieder ablagern. Trockener Sand wird häufig durch den Wind zu **Dünen** (M6) aufgehäuft.

Steilküsten entstehen dort, wo die Meeresbrandung Gesteins- und Sandmaterial abträgt. Der Steilabfall zum Meer wird als **Kliff** bezeichnet. Durch die Meeresbrandung wird die Steilküste immer weiter zerstört und landeinwärts verlagert.

M4 *Der deutsche Küstenraum*

M6 *Stranddüne an der Nordseeküste*

M7 *Seebrücke vom Ostseebad Sellin auf Rügen*

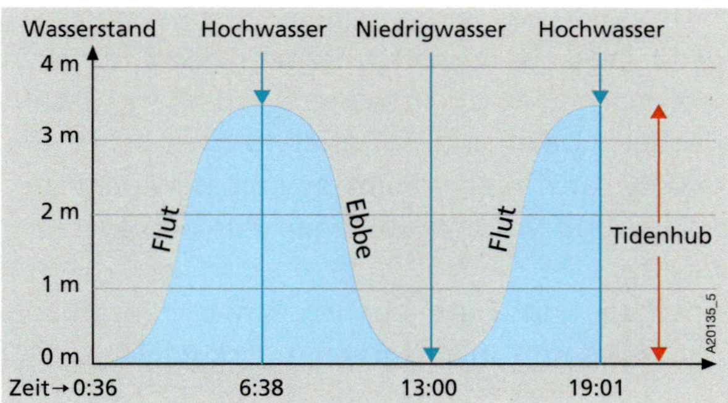

M5 *Gezeitenkurve an der Nordseeküste*

Tag	Uhrzeit			
	Hochwasser		Niedrigwasser	
5. Sa.	03:20	15:20	09:24	22:07
6. So.	04:05	16:08	10:08	22:53
7. Mo.	04:51	16:59	10:57	23:41
8. Di.	05:42	17:58	11:54	–
9. Mi.	06:38	19:01	00:36	13:00
10. Do.	07:39	20:09	01:39	14:12
11. Fr.	08:40	21:12	02:43	15:20
12. Sa.	09:35	22:07	03:41	16:19

M8 *Aus dem Gezeiten-Kalender*

Tag	Badezeit	Tag	Badezeit
5. Sa.	10:30 – 15:20 Uhr	9. Mi.	14:00 – 18:00 Uhr
6. So.	11:00 – 16:00 Uhr	10. Do.	15:00 – 18:00 Uhr
7. Mo.	12:00 – 17:00 Uhr	11. Fr.	–
8. Di.	13:00 – 18:00 Uhr	12. Sa.	–

M9 *Badezeiten (Aufsicht durch Bademeister)*

1 a) Beschreibe die Küste am Kap Arkona (M3) und erkläre, wie sie entsteht (M2).
b) Die Nordseeküste ist eine Wattküste. Erkläre.

2 a) Beschreibe den Ablauf der Gezeiten (M5).
b) Berechne den Zeitunterschied zwischen Hochwasser und Niedrigwasser (M5).

3 Orientiere dich: Finde die Namen in M4 (Atlas).

4 Familie Orth verbringt ihren Urlaub an der Nordsee. Gleich am ersten Tag (5. Sa.) wollen Jens und Anna im Meer schwimmen. Es ist 16 Uhr. Doch sie werden von anderen Urlaubsgästen gewarnt, dass das Baden im Meer um diese Zeit gefährlich sei.
a) Finde heraus, ob das stimmt. Notiere, wann an diesem Tag Badezeit ist (M9).
b) Erkläre Jens und Anna, wovon die Badezeiten abhängen (M8, M9).

5 Die Ostsee ist kein Gezeitenmeer. Begründe.

Ein Meer, viele Nutzer

Millionen Menschen verbringen jedes Jahr ihren Urlaub an den Meeresküsten. Feriensiedlungen und Hotels sind entstanden. Durch die große Zahl an Urlaubern gibt es immer mehr Müll und Abwässer, die beseitigt werden müssen.
In die Meere münden große Flüsse. Dörfer, Städte und Industriebetriebe leiten ihre Abwässer in die Flüsse. Diese transportieren die Schmutzfracht dann ins Meer. Zu den Abwässern gehören auch Schädlingsbekämpfungsmittel und Düngemittel aus der Landwirtschaft.
Das verschmutzte Meerwasser gefährdet die Pflanzen- und Tierwelt. Dadurch sind zum Beispiel auch die Menschen betroffen, die vom Fischfang leben.
Vor den Küsten herrscht reger Schiffsverkehr. Die Schiffe bringen Waren aus Übersee zu den deutschen Häfen oder von dort aus in andere Länder. Sie stören nicht nur die Tiere. Je dichter der Schiffsverkehr wird, desto größer wird die Gefahr von Schiffsunglücken. Wird etwa ein Öltanker beschädigt, läuft Öl aus und verschmutzt die Strände.
In den flachen Meeresgebieten wird häufig Erdöl gefördert. Dazu sind Bohrplattformen errichtet worden. Auch hier kommt es immer wieder zu Unfällen und Verschmutzungen durch ausgelaufenes Öl.
Menschen und Tiere beanspruchen denselben Raum. Es kommt zu einem **Nutzungskonflikt**.

M1 *Nutzungskonflikte an der Küste*

M2 *Im Watt*

Das Wattenmeer liegt in der Nordsee zwischen der Küste und den vorgelagerten Inseln. Es fällt bei Ebbe trocken. Die Tier- und Pflanzenwelt hier ist einzigartig. Tausende von Vögeln finden im Wattboden Nahrung. Für Fische ist das Wattenmeer das Laichgebiet. Seehunde wachsen auf Sandbänken im Watt auf.

M3 *Das Wattenmeer – einzigartig*

1. Begründe, warum viele Menschen ihren Urlaub in den Küstenregionen verbringen möchten.

2. Das Wattenmeer ist ein Raum, in dem ein Nutzungskonflikte stattfinden. Erläutere (M1).

3. Stelle Besonderheiten über den Lebensraum Wattenmeer zusammen und gib Tipps, wie man ihn schützen kann (M3, M4, Internet).

M5 *Das Wattenmeer an der Nordseeküste*

Die Miesmuschel filtert aus dem Wasser heraus, was sie zum Leben braucht. Alle Muscheln zusammen durchfiltern innerhalb von zwei Wochen einmal das Wattenmeer.

M6 *Die Miesmuschel – ein „Reiniger"*

1 Seeschwalbe
2 Austernfischer
3 Garnele
4 Strandkrabbe
5 Scholle
6 Miesmuscheln mit Seepocken
7 Herzmuschel
8 Tellmuschel
9 Sandklaffmuschel
10 Wellhornschnecke
11 Bäumchenröhrenwurm
12 Pierwurm
13 Wattringelwurm
14 Rochen-Ei

M4 *Tiere im Watt*

Ein Bild auswerten

Reise ans Meer

Die Ferienorte an der Nordseeküste werben mit schönen Bildern in ihren Prospekten. So kann man sich schon vor der Reise einen Eindruck über den Ort und die Landschaft verschaffen.
Ein Bild sagt oft mehr als tausend Worte. Bilder auszuwerten bedeutet, sie zum „Reden" zu bringen. Schau dir das Bild zunächst in aller Ruhe an. Überlege, was dir dazu einfällt. Entweder du machst dir Stichwörter oder ihr sprecht in der Klasse darüber. Erst wenn du dich über die Beobachtungen und Einfälle schriftlich oder mündlich geäußert hast, setzt du deine Bildauswertung fort. Beachte jetzt die „Hinweise zur Bildauswertung".

Der Vordergrund beginnt am unteren Bildrand und endet mit dem Hauptort samt Badestrand und Jachthafen.

Das sich anschließende Land mit Feldern, kleineren Ortsteilen und großem Campingplatz am Strand bildet den Mittelgrund.

Von der Küste auf das Meer hinaus bis zum oberen Bildrand erstreckt sich der Hintergrund.

M2 *Luftbild von Horumersiel – ein Bild mit Vorder-, Mittel- und Hintergrund*

M1 *Luftbild von Horumersiel bei Wilhelmshaven*

METHODE

M3 *Skizze des Luftbilds vom Horumersiel*

M4 *Lage von Horumersiel*

M5 *Strand von Horumersiel*

Ein Bild in vier Schritten auswerten

1. Orientierung

Beantworte zunächst folgende Fragen:
- Was ist abgebildet?
- Hat das Bild eine Unterschrift?
- Was sagt die Bildunterschrift aus?
- Ist das Bild von der Erde oder aus der Luft aufgenommen?
- Wo liegt der Ort?

2. Beschreibung

Beschreibe die Einzelheiten, die du im Bild erkennst. Überlege dir eine Reihenfolge, die du bei dieser Beschreibung beachtest. Beschreibe zum Beispiel nacheinander den Vordergrund, Mittelgrund, Hintergrund oder sprich nacheinander über die verschiedenen Inhalte wie zum Beispiel Häuser, umgebende Landschaft, Küste mit Hafen, Badestrand und Campingplatz, Meer mit Watt und Insel.

3. Zeichnung

Du kannst auch eine Skizze anfertigen. Dadurch werden dir einzelne Teile des Bildes mit wichtigen Inhalten bewusst gemacht. Eine solche Skizze zeigt M3. Von oben nach unten ist der Deich eingezeichnet. Links davon erstrecken sich Felder, Wiesen und Siedlungen. Rechts vom Deich liegen Wiesen, ein Campingplatz, der Badestrand (gekennzeichnet durch den Sonnenschirm) und der Hafen. Davor befindet sich das Wattenmeer.

4. Erklärung

Stelle Zusammenhänge zwischen den entdeckten Einzelheiten im Bild her, zum Beispiel zwischen Meer und Küste, der Siedlung und den Freizeiteinrichtungen, dem Deich und den Feldern und Weiden. Beispiele: Große und ebene Äcker weisen auf günstige Bedingungen für die Landwirtschaft hin. Der Deich und das Watt mit Schlick weisen auf ein Meer mit Gezeiten hin. Es herrscht gerade Ebbe. Motorboot- und Segelschiffhafen, Neubauten (Hotels, Ferienwohnungen), Campingplatz und Badestrand kennzeichnen die Küste als Ferienregion.

1 Werte das Bild M1 aus. Schreibe dazu einen Text, bei dessen Erstellung du die vorgegebene Schrittfolge berücksichtigst.

Hochgebirge – attraktiv im Sommer und im Winter

Aufenthalt im Hochgebirge

Zu den Hochgebirgen zählt man die Gebirge mit mindestens 1 500 m Höhe und oft schroffen Felsen. Für Wanderungen werden warme Kleidung, Wind und Regenschutz, eine Sonnencreme mit hohem Lichtschutzfaktor sowie eine Sonnenbrille dringend empfohlen. Im Hochgebirge ist es kälter als im Tiefland. Der Wind bläst stärker, die Niederschläge sind höher, die Sonneneinstrahlung ist intensiver und der Anteil des für Haut und Augen schädlichen ultravioletten Lichts ist größer. Und das Wetter kann dort rasch wechseln.

Höhenstufen der Pflanzenwelt

Die Pflanzen im Hochgebirge haben sich den Klimabedingungen angepasst. Es haben sich **Höhenstufen** der Pflanzenwelt ausgebildet. Am Nordrand der Alpen zum Beispiel können bis zu 1 300 m Höhe noch Laubbäume gedeihen, darüber findet man fast nur noch Nadelbäume. Ab der **Baumgrenze** in etwa 1 700 m Höhe wachsen nur noch Zwergsträucher. In dieser Stufe der Grasflächen (der Matten) befinden sich auch die **Almen**, die der Mensch im Sommer als Viehweide nutzt. Ab etwa 2 000 m Höhe gibt es nur noch Fels, Eis und Schnee.

Lebensräume der Tiere

Auch die Tiere haben sich den harten Bedingungen im Hochgebirge angepasst. Schneehase und Schneehuhn sind zum Schutz vor Greifvögeln weiß gefärbt und damit dem Schnee angepasst. Steinbock und Gams haben ein dichtes Fell, das vor Kälte schützt. Sie sind ausgezeichnete Kletterer, sodass sie auch noch Nahrung in steilem Gelände finden.

Auf dem Eis der **Gletscher**, die langsam talwärts fließen, lebt der Gletscherfloh. Er ernährt sich von Pflanzenteilchen, die der Wind angeweht hat.

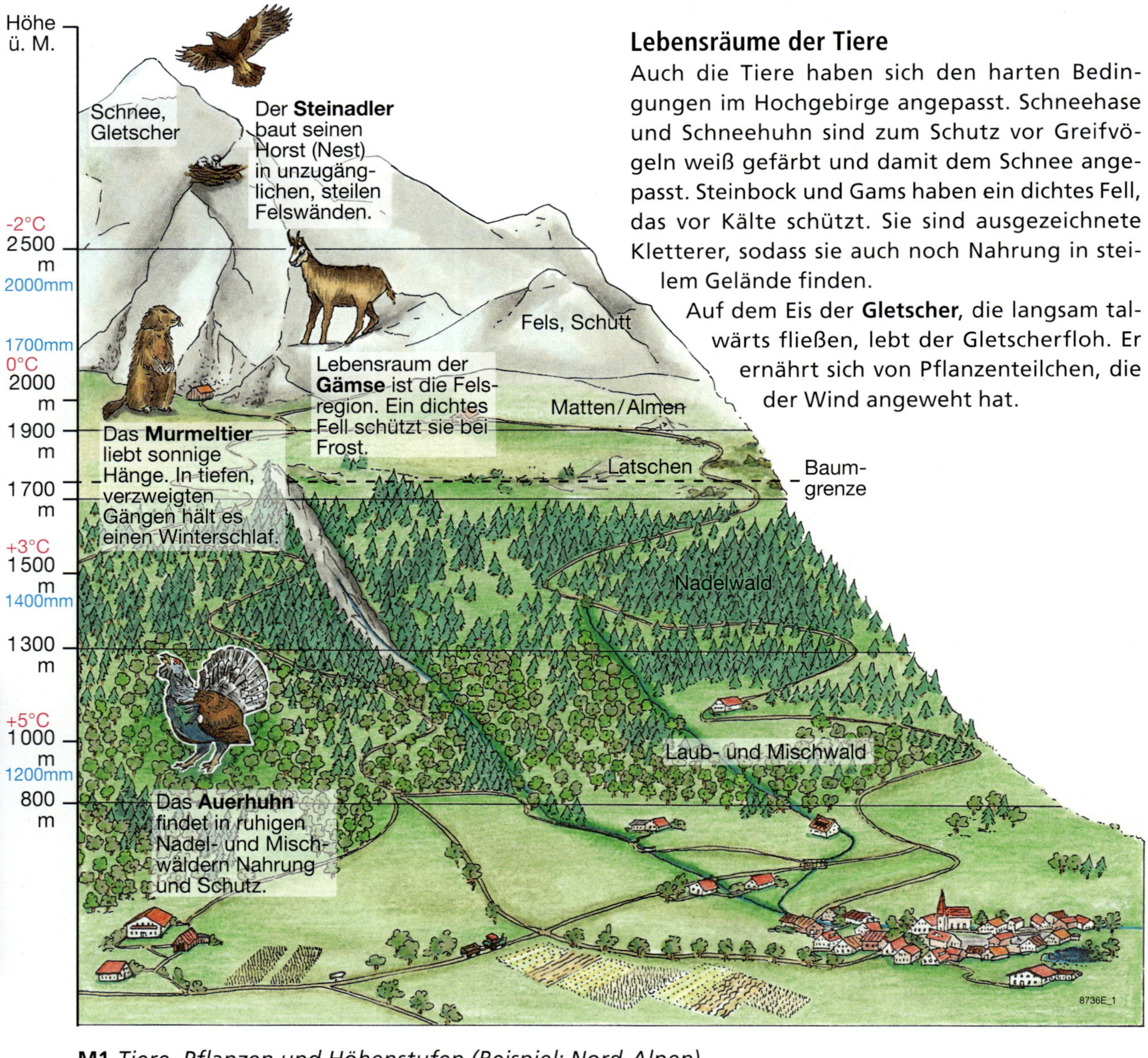

M1 *Tiere, Pflanzen und Höhenstufen (Beispiel: Nord-Alpen)*

M2 *Wanderung über den Gletscher*

M5 *Lage der Alpen*

Bei Tagesanbruch waren wir mit René, unserem Schweizer Bergführer, aufgebrochen. Unser Tagesziel war die Besteigung eines Gipfels der Bernina-Gruppe in fast 4000 m Höhe. Von unserer Hütte aus mussten wir über 600 Höhenmeter überwinden.
Vor uns lag der Gletscher – mit seinen Spalten ein gefährliches Hindernis. Zunächst wateten wir durch den eisigen Gletscherbach. Das Wasser sprudelte aus dem Gletschertor. In dieser Höhe wuchsen kein Baum und kein Strauch mehr. Wir sahen nur Gräser und Moose.
René erzählte: „Das Gletschereis bewegt sich pro Jahr rund 50 m talwärts. Der Schnee, der oben am Gletscher zu Eis wird, kommt erst in 20 Jahren am Gletschertor an.“ Nach einer Rast holten wir Eispickel und Seile aus den Rucksäcken. Wir setzten Schneebrille und Helm auf, bevor wir auf den Gletscher gingen. Mit Seilen aneinandergebunden, traten wir auf das Eis. Vorsichtig folgten wir dem Bergführer. Nach vier Stunden Aufstieg erreichten wir den Gipfel. Der Ausblick auf die vor uns liegenden Berge war überwältigend

M3 *Eine Gletscherwanderung in den Alpen*

◁ **M4** ***Tschiervagletscher mit Piz Bernina (4049 m). Der Gletscher bildet sich, da in großer Höhe mehr Schnee fällt als wegschmilzt. Er fließt langsam als Gletscherzunge ins Tal. Dabei schiebt er Schutt vor sich her. Diese Schuttwälle nennt man Moränen.***

❶ Notiere die Merkmale einer Höhenstufe (z. B. der Mattenstufe).

❷ Ordne die in M1 abgebildeten Tiere den Höhenstufen zu. Informiere dich über ein Tier genauer und berichte.

❸ Erkläre, warum viele Berge über 2500 m vergletschert sind.

❹ HeliTours verlost einen Hubschrauberflug zum Tschiervagletscher. Voraussetzung für die Teilnahme an der Verlosung ist ein Brief, in dem du schreibst, was dich besonders an diesem Flug interessieren würde. Verfasse einen solchen Brief.

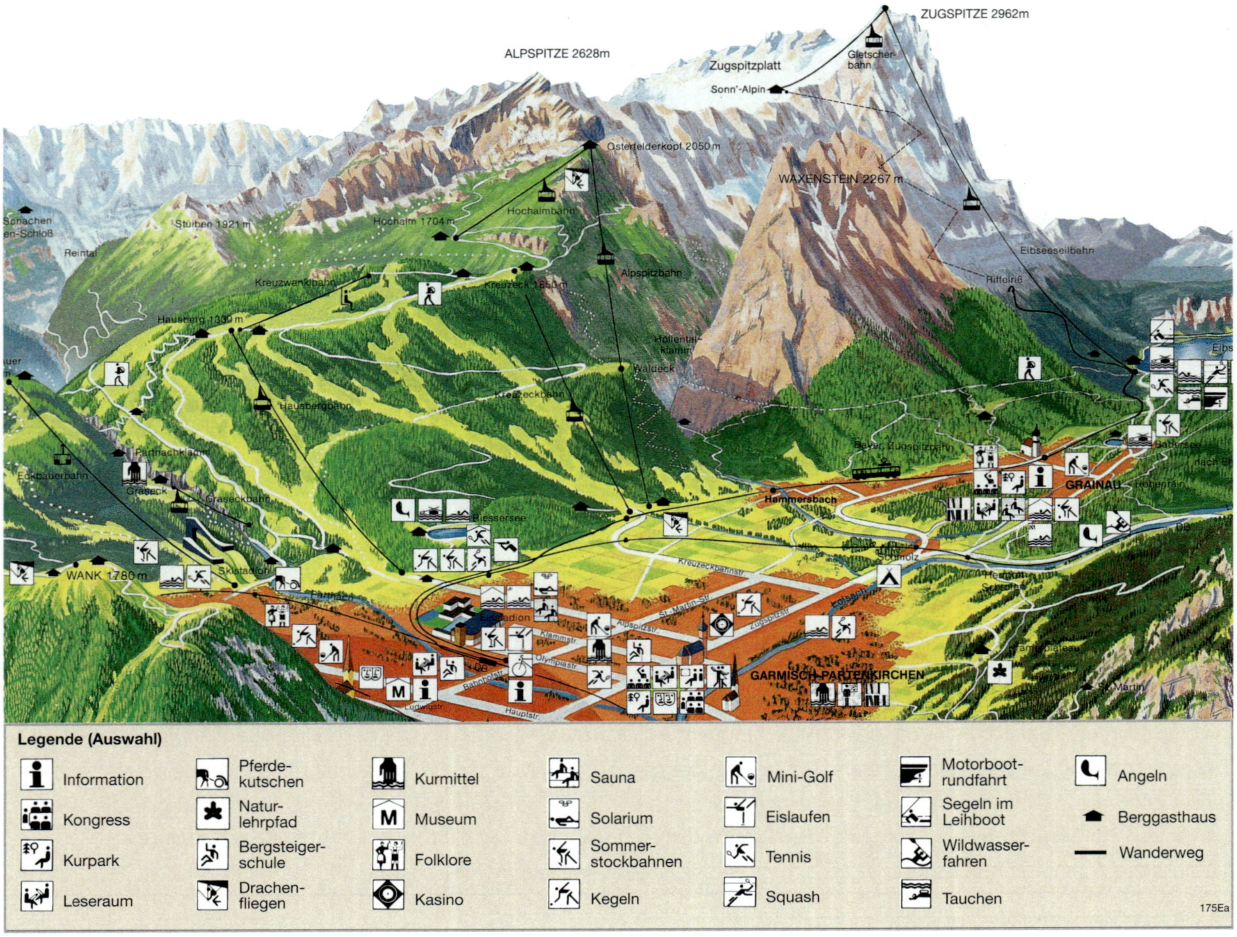

M1 *Sommerangebote ...*

Sommer- und Wintersaison – Ganzjahrestourismus in den Bergen

Jährlich besuchen Millionen Menschen die europäischen Hochgebirge. Deshalb ist es keine Seltenheit, dass selbst kleine Orte (z. B. Ischgl in Österreich mit 1500 Einwohnern) weit über eine Million Übernachtungen pro Jahr zählen.

Die Besucher kommen im Sommer und im Winter. Sie gehören allen Altersgruppen an. Daher haben sie auch ganz verschiedene Interessen und Bedürfnisse: Die einen wollen Ski fahren und sich abends amüsieren, die anderen wollen wandern und die Ruhe der Berge genießen.

Um möglichst viele Urlauber anzulocken, haben die Touristenorte **Fremdenverkehrseinrichtungen** geschaffen. Dazu zählen beispielsweise Seilbahnen, Schwimmbäder, Tennisplätze und Diskotheken. Einige Orte organisieren auch attraktive Veranstaltungen zur Unterhaltung der Gäste: Folklore-Abende, Tennisturniere, Wettspiele für Kinder, Feste zum Almabtrieb der Kühe usw.

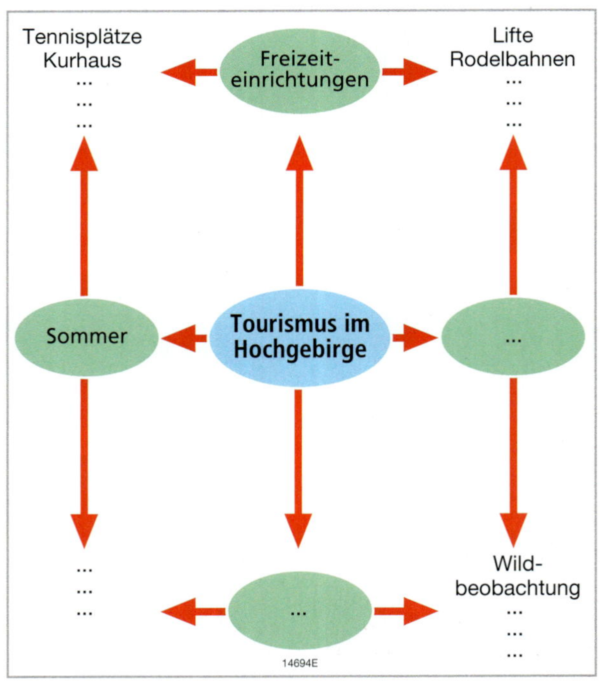

M2 *Tourismus im Hochgebirge*

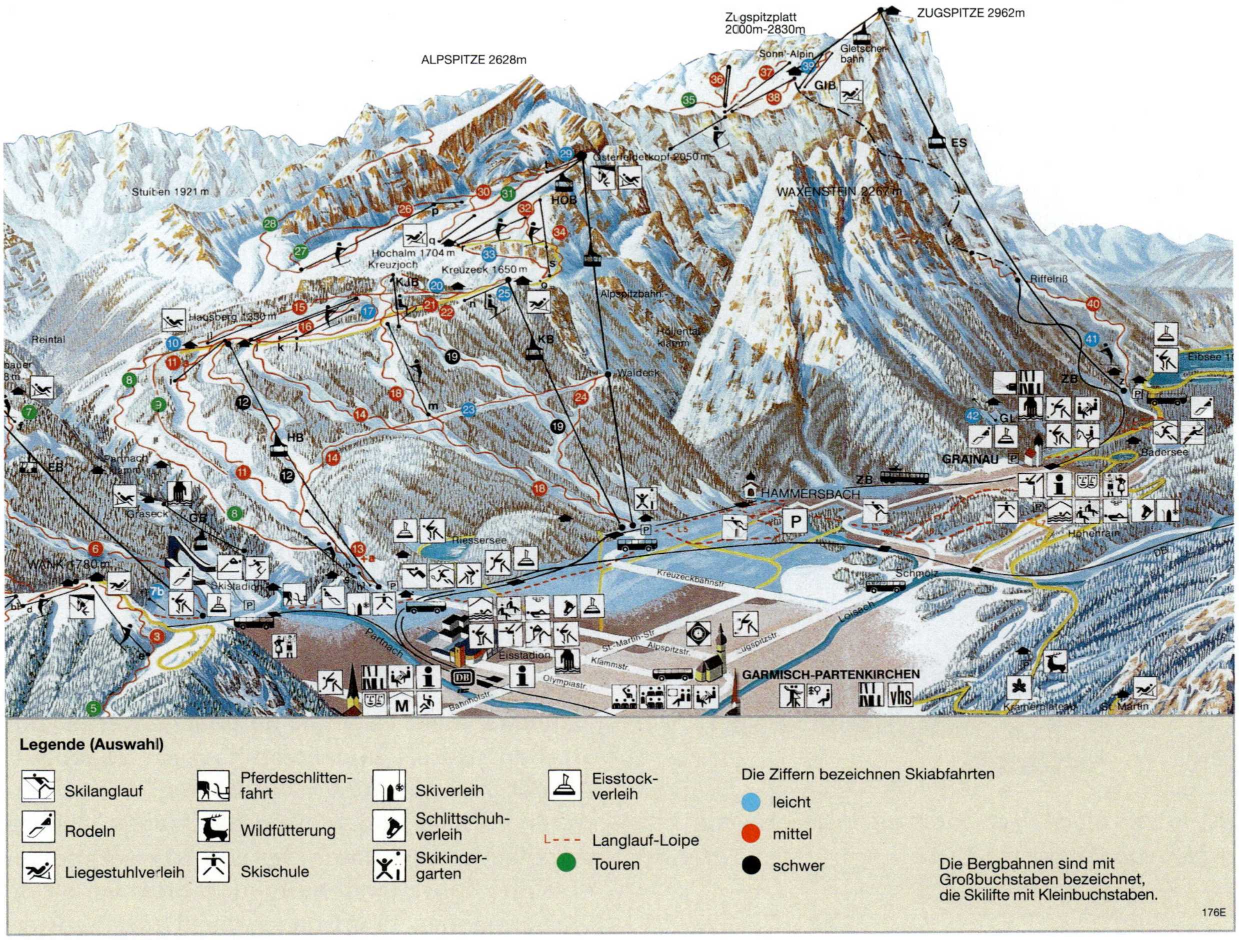

M3 *... und Winterangebote im Hochgebirge – Beispiel Garmisch-Partenkirchen*

In Garmisch-Partenkirchen finden in jedem Jahr internationale Großveranstaltungen statt wie das Neujahrsspringen, das zur Vierschanzentournee gehört, und die Welt-Cup-Rennen im Skisport. Diese „Ereignisse" locken Gäste aus allen Kontinenten an.
So muss sich der Tourismusdirektor nicht über sinkende Übernachtungszahlen beklagen. Für die große Attraktivität von Garmisch-Partenkirchen sieht er neben den zahlreichen Veranstaltungen weitere Gründe:
„Wir haben außerdem den Vorteil, dass auf dem Zugspitzplateau, dem einzigen Gletschergebiet Deutschlands, Ski- oder Snowboardfahren möglich ist, wenn im Tal bereits die Bäume blühen. Selbst wenn einmal zu wenig Schnee liegt, überlisten wir die Natur mit Schneekanonen.
Für Gäste, die nicht Ski laufen, gibt es etwa 100 km geräumte Wanderwege. Durch unsere Urlaubsangebote begegnen wir der wachsenden Konkurrenz in den benachbarten Alpenländern."

M4 *Urlaub in Garmisch-Partenkirchen*

Jahr	Gäste	Übernachtungen
2003	270 874	1 150 609
2005	292 295	1 169 167
2010	349 457	1 197 251

M5 *Tourismuszahlen Garmisch-Partenkirchen*

1 Arbeite mit dem Atlas:
a) Notiere die sieben Alpenländer und ihre Hauptstädte.
b) Verfolge im Atlas die Route von deinem Heimatort nach Mailand über Garmisch-Partenkirchen. Notiere große Städte auf der Route und nenne die Alpenpässe, die überquert werden.

2 Ergänze die offenen Begriffe in M2.

3 a) Fertige eine Liste von je fünf Angeboten an, die insbesondere für Kinder deines Alters im Sommer und Winter attraktiv sind (M1, M3).
b) Begründe deine Auswahl.

Arbeitsplätze oder Umweltschutz?

M1 *In den Alpen (hier: Samnaun in der Schweiz, östlich von Davos)*

INFO

Sanfter Tourismus

Als sanften Tourismus bezeichnet man eine Form des Fremdenverkehrs, der die Umwelt wenig belastet und der auf das Leben und die Kultur der Einheimischen Rücksicht nimmt. Maßnahmen des sanften Tourismus sind z.B. Sperrungen für den Autoverkehr, Bauverbote für Hochhäuser und Begrenzung der Skipisten.

Förderung des Tourismus

Jedes Jahr fahren viele Urlauber in die Alpen. Sie wollen sich in der schönen Bergwelt erholen. Im Sommer kommen vor allem Wanderer, im Winter nutzen Skifahrer die Wintersportmöglichkeiten. Für die Touristen sind Hotels, Pensionen, Restaurants und viele Fremdenverkehrseinrichtungen errichtet worden.

Der Tourismus hat zahlreiche Dörfer reich gemacht. In den meisten Gegenden verdienen die Menschen, die im Tourismus beschäftigt sind, mehr als in der Industrie und der Landwirtschaft. Aber ist der Tourismus wirklich ein Motor für das wirtschaftliche Wachstum und garantiert er auf lange Zeit Wohlstand?

Gefahr für die Naturlandschaft

Die Zahl der Gäste in den Alpen nimmt ständig zu. Immer mehr Täler und Berghänge werden mit Straßen, Hotels und Ferienhäusern zugebaut. Autoabgase schädigen die Bäume. Breite Skipisten werden in den Wald geschlagen. Skilifte verschandeln die Natur. Der von Schneekanonen erzeugte Kunstschnee verbraucht nicht nur große Wassermengen, er lässt auch die Pflanzen absterben. Die Landschaft verliert ihren Reiz.

In einigen Orten ist die Zahl der Urlauber bereits zurückgegangen. Nun sind Arbeitsplätze gefährdet.

Es gibt jedoch eine Möglichkeit, die Naturlandschaft zu erhalten und den Tourismus zu fördern. Das ist der **sanfte Tourismus**.

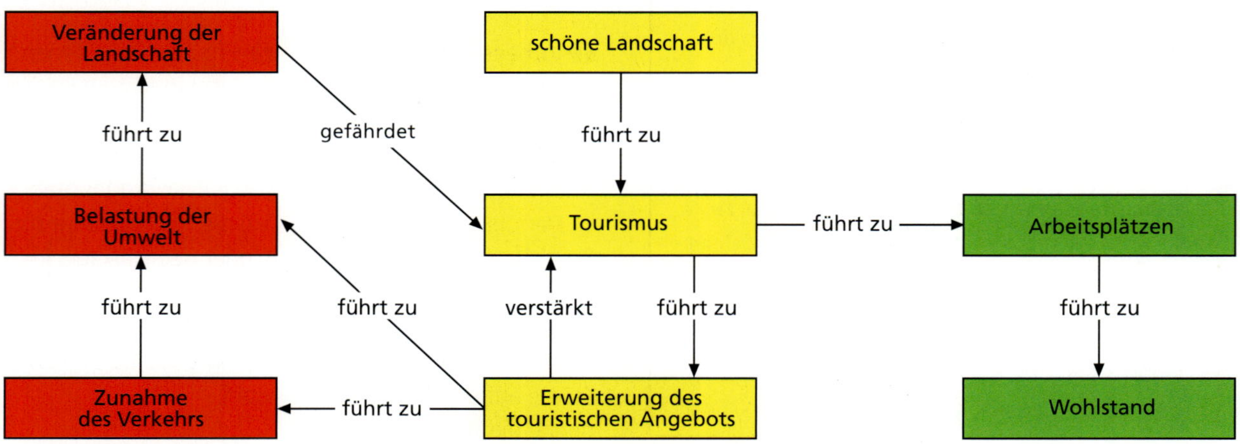

M2 *Der Tourismus und seine Auswirkungen*

M3 *Blick in das Villnösstal*

M5 *Die Lage des Villnösstals in Südtirol (Italien)*

INTERNET

www.villnoess.com

Das Villnösstal liegt in den Dolomiten in Südtirol. Es gibt sechs kleine Orte im Tal. Der Hauptort ist St. Peter. Am Ende des Tals befindet sich das Naturschutzgebiet Puez-Geisler. Der Talboden und die Hänge des Tals werden landwirtschaftlich genutzt. Für die Touristen wurde die Landschaft nur wenig verändert, sodass man die einzigartige Schönheit des Tales erhalten konnte. Ziel ist ein sanfter Tourismus. Die Umwelt soll geschont werden. Dazu gehört auch, dass für die Touristen ein Busdienst eingerichtet wurde.

M4 *Schutz für das Villnösstal*

M6 *Hinweisschild im Villnösstal*

1 a) Erläutere, welche Auswirkungen der Tourismus auf die Wirtschaft hat (M2).
b) Erkläre, wodurch der Tourismus gefährdet wird (M2).

2 Vergleiche die Alpenlandschaft in Samnaun und im Villnösstal (M1, M3).

3 a) Nenne Freizeitmöglichkeiten, die das Villnösstal seinen Besuchern bietet (Internet).
b) Begründe, warum du dich für oder gegen einen Urlaub im Villnösstal entscheiden würdest.

4 Zähle auf, für welche Tourismusformen und -gruppen das Villnösstal attraktiv ist und für welche nicht (M4).

5 Wäge ab, ob der sanfte Tourismus eine Möglichkeit ist, die Naturlandschaft zu erhalten und den Tourismus zu fördern.

Rollenspiel – sanfter Tourismus

Wie kann ein Ort den sanften Tourismus fördern?

Murmelnde Bäche, bunte Wiesen, saubere Luft und strahlend blauer Himmel – so wünschen sich die meisten Touristen einen Sommerurlaub in den Alpen. Umweltschützer und Naturschützer in den Alpenländern weisen seit einigen Jahren immer wieder darauf hin, dass die Schönheit der Landschaft nur dann erhalten werden kann, wenn man den sanften Tourismus fördert. Unter diesem Begriff versteht man vor allem, dass der Fremdenverkehr möglichst umweltfreundlich ist, das heißt, dass die Natur der Alpen wenig belastet wird.

M1 *Meinungen*

Begriff
Mure: Eine Mure ist ein schnell talwärts fließender Strom aus Schlamm und Geröll im Gebirge. Er kann, wie eine Lawine, große Schäden anrichten.

Sechs Schritte für ein Rollenspiel

1. Abstimmung
- Entscheide dich für Pro oder Kontra: „Ist Tourismus positiv für die Region? Ja oder Nein?"

2. Rollenfestlegung
- Wählt Interessengruppen aus, die sich am Rollenspiel beteiligen sollen.
- Bildet entsprechende Gruppen und sammelt gemeinsam sinnvolle Argumente für die spätere Diskussion.

Die Befürworter
Hotelbesitzer/in, Bürgermeister/in, Campingplatzbesitzer/in, Supermarktleiter/in oder Urlauber, der gern in den Alpenort kommt.

Die Kritiker
Traditionelle Bauern; umweltfreundliche Dorfbewohner; junge Familien, die Urlaub auf einem Bauernhof machen möchten.

Die Moderatoren
Sie haben die Aufgabe, die argumentierenden Gruppen ins Gespräch zu bringen und die Diskussion zu leiten. Sie beenden die Diskussion und fassen das Ergebnis zusammen.

3. Auswahl der Teilnehmer der Diskussion
- Ihr wählt zunächst die erste Runde der Teilnehmer der Diskussion aus. Alle anderen Schülerinnen und Schüler sind Zuschauer, die Arbeitsaufträge erhalten: „Schreibe die Argumente von Person X mit und beobachte das Geschehen sehr aufmerksam."

4. Ende des Rollenspiels
- Besprecht am Ende des Rollenspiels die Szene: Die Mitwirkenden beurteilen ihren Diskussionsbeitrag und das Ergebnis der Diskussion. Die Zuschauer berichten, was ihnen aufgefallen ist, wie gut die Argumente vorgetragen wurden und bewerten ebenfalls das Ergebnis.

5. Erneute Abstimmung
- Stimmt nochmals ab: „Pro oder Kontra?"
- Vergleicht die Abstimmungsergebnisse, die vor und nach dem Rollenspiel vorlagen.
- Hat sich eure Haltung von der ersten Abstimmung durch die Diskussion geändert? Und wenn ja, warum?

6. Veröffentlichung der Meinungen
- Schreibt eine begründete Stellungnahme zum Thema: „Ist Tourismus positiv für die Region?" Begründet eure Meinung mit Argumenten.
- Veröffentlicht die besten Begründungen im Klassenzimmer.

	immer	meistens	manchmal	nie
1. sachliche Bezüge				
Ich konnte meine/Sie konnte ihre/Er konnte seine Argumente mit Sachwissen untermauern.				
Ich .../Sie .../Er konnte Begründungen und Beispiele einbringen.				
Ich .../Sie .../Er konnte Einwände und Nachfragen sachlich vorbringen.				
Ich .../Sie .../Er konnte Fragen der Zuhörer beantworten.				
2. eigene Kommunikations- und Argumentationsfähigkeit				
Ich konnte meine/Sie konnte ihre/Er konnte seine Argumente für andere verständlich formulieren.				
Ich konnte meine/Sie konnte ihre/Er konnte seine Rolle sprachlich ausdrücken.				

M2 *Überprüfungsbogen*

1 Führt ein Rollenspiel zum Thema „sanfter Tourismus" durch.

2 Übertrage den Überprüfungsbogen (M2) ins Heft. Fülle ihn nach dem Rollenspiel aus.
a) Wie schätzt du die Argumentationsleistung von dir und den anderen Diskussionsteilnehmen ein? Kreuze deine Einschätzung im Überprüfungsbogen an.
b) Welche Argumentation setzte sich durch und warum?
c) Beurteile die Qualität der Argumentation, die sich durchgesetzt hat nach der Bedeutung für
- die Umwelt,
- die wirtschaftliche Entwicklung,
- das Leben der Einheimischen und
- das Erlebnis sowie den Spaß der Touristen.

Minilexikon

Alm (Seite 144)
Bergweide in den Alpen auf der im Sommer Nutztiere gehalten werden.

Altes Land (Seite 120)
In Hamburg und Niedersachsen südlich der Elbe gelegenes traditionelles Obstanbaugebiet.

Arbeitskraft (Seite 90)
Menschen, die für ein Unternehmen arbeiten, werden Arbeitskräfte genannt.

Artgerechte Tierhaltung (Seite 126)
Tierhaltung, die das natürliche Verhalten der Tiere berücksichtigt. Dieses wird bei der ökologischen Wirtschaftsweise beachtet. Rinder erhalten z. B. Bewegungsfreiheit und können ihr Futter frei aufnehmen. Schweine dürfen im Dreck wühlen und ihre Umgebung erkunden.

Äquator (Seite 30)
Längste Breitenkreis der Erde (Länge: 40076 km), der Nord- und Südhalbkugel trennt.

Baumgrenze (Seite 144)
Die Höhengrenze, über die hinaus aufgrund der klimatischen Bedingungen keine Bäume mehr wachsen können.

Bergwerk (Seite 84)
Durch Anlage eines Bergwerkes gelangt man an unter der Erde liegende Bodenschätze, um sie abzubauen.

Bezirk (Seite 60)
Einige Städte sind in Bezirke (Verwaltungseinheiten) gegliedert, z. B. Hamburg und Berlin. Zu jedem Bezirk gehören mehrere Stadtteile.

Binnenmeer (Seite 138)
Ein Binnenmeer ist ein Meer, das fast vollständig von Festland umgeben ist und nur einen schmalen Zugang zum offenen Ozean hat (z. B. Ostsee).

Boden (Seite 106)
Boden ist der oberste lockere Bereich der Erdkruste. Er ist Lebensraum für Pflanzen und Tiere.

Börde (Seite 106)
Als Börde werden mit Löss bedeckte Landschaften bezeichnet, in der die fruchtbarsten Böden Deutschlands zu finden sind (z. B. Magdeburger Börde, Zülpicher Börde). Hier wachsen z. B. Zuckerrüben und Weizen besonders gut.

Braunkohle (Seite 80)
Der Name dieser Kohle stammt von ihrer Farbe. Braunkohle entstand in Millionen von Jahren aus abgestorbenen Pflanzen. Die Braunkohle liegt nicht sehr tief unter der Erdoberfläche. Daher kann sie im Tagebau abgebaut werden. Sie wird in erster Linie zur Erzeugung von elektrischem Strom genutzt.

Breitenkreis (Seite 32)
Breitenkreise (Breitengrade) werden vom Äquator aus nach Norden und Süden von 0° bis 90° gezählt. Sie verlaufen immer parallel zum Äquator und verbinden die Punkte auf der Erde, die die gleiche geographische Breite haben.

Brennwert (Seite 80)
Ein Bestandteil von Kohle ist Kohlenstoff. Je höher der Anteil von Kohlenstoff in der Kohle ist, desto besser brennt die Kohle. Man sagt, die Kohle hat einen hohen Brennwert. Je höher der Brennwert, desto mehr Energie kann erzeugt werden. Steinkohle hat einen höheren Brennwert als Braunkohle.

Bundesland (Seite 54)
Deutschland besteht aus sechzehn Bundesländern, von denen eines Hamburg ist.

City (Seite 62)
Der Begriff City bezeichnet das Geschäfts- und Büroviertel in der Stadtmitte einer Großstadt. Hier gibt es viele Arbeitsplätze, aber wenige Wohnungen. Häufig ist ein Teil der City als Fußgängerzone ausgewiesen.

Container (Seite 96)
Großer geschlossener Metallkasten, dessen Maße (Länge, Breite, Höhe) genormt sind. Container werden zum Transport von Stückgut benutzt.

Düne (Seite 138)
Eine Düne ist eine Sandablagerung. Sie wird durch Wind aufgeschüttet. Dünen gibt es vor allem an Küsten (z. B. auch

auf den Nordsee-Inseln) und in Wüsten (z. B. in der Sahara in Nordafrika). Bei einer Düne ist die dem Wind zugewandte Seite flacher, die windabgewandte Seite steiler.

Düngung (Seite 106)
Durch Düngung werden dem Boden von außen Nährstoffe zugefügt (Handels-/Mineraldünger der chemischen Industrie; Naturdünger: z. B. Gülle, Mist, Kompost).

Ebbe (Seite 138)
Als Ebbe bezeichnet man das regelmäßige Zurückweichen des Meerwassers. Dieser Vorgang dauert etwas mehr als sechs Stunden (Gezeiten).

Energieträger (Seite 80)
Energieträger sind (Roh-)Stoffe, die Energie in sich speichern, z. B. Kohle, Erdöl, Erdgas. Durch Verbrennen wird Wärme erzeugt, mit deren Hilfe man Strom gewinnen, heizen oder Auto fahren kann.

Erdachse (Seite 32)
Die Erdachse ist eine gedachte Verbindungslinie zwischen Nord- und Südpol. Um sie herum erfolgt die Erdrotation.

Erdrotation (Seite 36)
Unter Rotation (Erdrotation) versteht man die Drehung der Erde um sich selbst.

Flöz (Seite 84)
Als Flöz bezeichnet man eine Kohlenschicht. Sie lagert zwischen anderen Gesteinsschichten.

Flüssiggut (Seite 96)
Flüssiggüter sind Waren, die in flüssiger Form häufig auf Tankerschiffen transportiert werden (z. B. Mineralöl).

Flut (Seite 138)
Das regelmäßige Ansteigen des Meerwassers wird als Flut bezeichnet. Dieser Vorgang dauert etwas mehr als sechs Stunden (Gezeiten).

Fremdenverkehrseinrichtung (Seite 146)
Fremdenverkehrseinrichtungen sind Gebäude oder Anlagen, die in Tourismusorten und -gebieten der Erholung und Unterhaltung der Gäste dienen, z. B. Liftanlage, Hallenbad.

Fruchtwechsel (Seite 106)
Als Fruchtwechsel bezeichnet man ein Anbausystem in der Landwirtschaft. Dabei werden Halm- und Blattpflanzen im Wechsel angepflanzt, wie z. B. Getreide und Zuckerrüben. Dadurch laugt der Boden nicht aus.

Fußgängerzone (Seite 62)
Die Fußgängerzone ist Teil der City. Hier liegen die meisten Geschäfte und Kaufhäuser einer Stadt. Sie ist hauptsächlich den Fußgängern vorbehalten. Busse sind jedoch häufig erlaubt, ebenso die Anlieferung von Waren mit Pkw und Lkw zu bestimmten Zeiten.

Gezeiten (Seite 138)
Das regelmäßige Heben und Senken des Meeresspiegels an der Küste nennt man Gezeiten.

Gletscher (Seite 144)
Ein Gletscher ist eine Eismasse im Hochgebirge, die langsam talwärts fließt. Der Gletscher gliedert sich in ein Nährgebiet und ein Zehrgebiet. Im Nährgebiet (oben) erhält der Gletscher seinen Nachschub. Hier bildet sich der gefallene Schnee zu Gletschereis um. Im Zehrgebiet (unten) schmilzt der Gletscher ab.

Globus (Seite 30)
Ein Globus ist das modellhaft verkleinerte Abbild der Erde.

Gradnetz (Seite 34)
Das Gradnetz ist das „gedachte Netz" von Linien (Breitenkreise und Meridiane), mit dessen Hilfe die Position jedes Ortes bestimmbar ist.

Grundwasser (Seite 70)
Wasser, das sich durch Niederschläge in den Hohlräumen der tieferen Erdschichten und Gesteine gesammelt hat. Es kann auf einer wasserundurchlässigen Gesteinsschicht viele Kilometer unterirdisch fließen.

Höhenlinie (Seite 18)
Eine Höhenlinie verbindet auf einer Karte alle Punkte in gleicher Höhe über dem Meeresspiegel. Mithilfe von Höhenlinien werden die Oberflächenformen (Berge und Täler) einer Landschaft dargestellt. Je enger die Höhenlinien nebeneinanderliegen, umso steiler ist das Gelände.

Höhenstufe (Seite 144)
Durch die Änderung des Klimas mit der Höhe (besonders die Abnahme der Temperatur) verändern sich auch die Böden, die Vegetation und die landwirtschaftliche Nutzung. Daher unterscheidet man verschiedene Höhenstufen.

Karte (Seite 22)
Eine Karte zeigt verkleinert die Erde oder einen Teil von ihr. Das Gebiet ist hierbei senkrecht von oben abgebildet. Die Inhalte sind stark vereinfacht und mit verschiedenen Farben und Signaturen (Kartenzeichen) dargestellt. Im Atlas unterscheiden wir physische Karten und thematische Karten.

Kliff (Seite 138)
Als Kliff bezeichnet man einen steilen Küstenabschnitt, der durch die Brandung des Meeres geformt wird. An seinem Fuß bildet sich eine Brandungshohlkehle. Das feine Material wird vom Meer verfrachtet, sodass ein mit Steinen und grobem Kies übersäter Strand entsteht.

Klima (Seite 108)
Zum Klima gehören die Erscheinungen, die auch zum Wetter gehören. Das Klima eines Raumes wird über einen längeren Zeitraum (ca. 30 Jahre) berechnet.

Klimadiagramm (Seite 110)
Ein Klimadiagramm ist eine zeichnerische Darstellung von Temperatur und Niederschlag eines Ortes. Die Durchschnittstemperaturen je Monat in °C werden in einer roten Linie und die durchschnittlichen Niederschläge je Monat in mm in einer blauen Linie dargestellt.

Kontinent (Seite 32)
(auch Erdteil genannt). Ein Kontinent ist eine Festlandsmasse, die von anderen Kontinenten durch eine natürliche Abgrenzung (z. B. ein Meer, ein Gebirge oder eine Landenge) getrennt ist. Die Kontinente heißen Europa, Asien, Afrika, Amerika, (Nordamerika, Südamerika), Australien, Antarktis.

Kraftwerk (Seite 80)
In einem Kraftwerk werden Brennstoffe in Energie umgewandelt – beispielsweise wird in einem Kohlekraftwerk Steinkohle oder Braunkohle verbrannt und Strom erzeugt.

Kultur (Seite 66)
Alle typischen Lebens- und Wirtschaftsformen, die die Menschen einer bestimmten Region im Laufe der Geschichte hervorgebracht haben. Man unterscheidet zwischen geistiger (z. B. Sprache, Religion, Sitten) sowie materieller Kultur (z. B. Siedlungs- und Hausformen).

Kurvendiagramm (Seite 94)
Kurvendiagramme sind grafische Darstellungsformen, die eine Linie zeigen. Die Linie verdeutlicht die Entwicklung eines Wertes innerhalb eines bestimmten Zeitraums.

Längenkreise (Seite 32)
Längenkreise sind Teile des Gradnetzes der Erde. Sie verlaufen einmal um die gesamte Erdkugel z.B. vom Nordpol zum Südpol und wieder zum Nordpol. Halbe Längenkreise werden Meridiane oder Längengrade genannt.

Legende (Seite 18)
Die Legende ist die Zeichenerklärung in einer Karte. Hier sind die verschiedenen Zeichen und Farben, z. B. für Städte, Flüsse und Landhöhen, erklärt. Städte werden oft durch kleine rote Punkte dargestellt, Flüsse durch blaue Linien und Gebirge durch Flächenfarben in Brauntönen.

Logistikunternehmen (Seite 92)
Firma, die Technik und Ausrüstung bereitstellt und die Planung von Arbeitsabläufen vornimmt.

Massengut (Seite 96)
Güter, die ohne besondere Verpackung befördert werden (Erz, Kohle, Getreide, Öl usw.).

Massentierhaltung (Seite 122)
Bei der Massentierhaltung werden oft Tausende von Tieren (z. B. Schweine, Puten, Hühner) in einem landwirtschaftlichen Betrieb gehalten. Dieser Betrieb ist in der Regel stark automatisiert und mechanisiert, um die anfallenden Arbeiten (beispielsweise Füttern, Ausmisten) schnell erledigen zu können.

Maßstab (Seite 16)
Auf Karten ist eine Landschaft kleiner als in Wirklichkeit dargestellt. Der Maßstab gibt an, wie stark die Inhalte einer Karte gegenüber der Wirklichkeit verkleinert wurden. Er ist ein Maß für die Verkleinerung. Ein kleiner Maßstab (z. B. 1 : 1000000) zeigt weniger Einzelheiten als ein großer (z. B. 1 : 100).

Mechanisierung (Seite 114)
Mechanisierung bezeichnet den Ersatz der menschlichen Arbeitskraft durch Maschinen, z. B. Traktoren oder Mähdrescher, in der Landwirtschaft.

Meridian (Seite 32)
Ein Meridian ist ein halber Längenkreis, der jeweils vom Nordpol zum Südpol verläuft. Meridiane werden jeweils von 0° bis 180° in östlicher bzw. westlicher Richtung gezählt.

Milchstraße (Seite 26)
Milchstraße bezeichnet eine Anhäufung von Sternen im Weltall (Sternenhaufen). Es gibt etwa 100 Mrd. Milchstraßen. Ein anderer Name für Milchstraße ist Galaxis.

Mobilität (Seite 68)
Mobilität ist die Beweglichkeit von Personen oder Gruppen. Mobilität drückt auch die Bereitschaft aus, aus beruflichen oder privaten Gründen den Wohnort zu wechseln. Auch die Bereitschaft, als Pendler weite Strecken zwischen Wohnort und Arbeitsplatz zurückzulegen oder in entfernte Länder zu reisen, kann man als Mobilität bezeichnen.

Nachwachsende Rohstoffe (Seite 128)
Ein nachwachsender Rohstoff ist ein Rohstoff, der in der Land- oder Forstwirtschaft erzeugt wird und in der Industrie weiterverarbeitet werden kann, z. B. Flachs, Raps, Hanf oder bestimmte Gräser und Hölzer.

Naherholungsgebiet (Seite 134)
Naherholungsgebiet nennt man ein Gebiet in der Nähe großer Städte, das für Kurzerholung (z. B. an den Wochenenden) wegen seiner landschaftlichen Schönheit (Berge, Seen, Wälder) genutzt wird.

Nordhalbkugel (Seite 28)
Die Nordhalbkugel ist der Teil der Erde, der nördlich des Äquators liegt.

Nordpol (Seite 8)
Der Nordpol ist der nördlichste Punkt auf der Erde. Er ist der am weitesten entfernte Punkt vom Äquator auf der nördlichen Halbkugel. Am Nordpol gibt es nur eine Himmelsrichtung: Alle Wege führen nach Süden.

Nullmeridian (Seite 34)
Der Nullmeridian ist der international gültige Ortsmeridian von Greenwich (London). Er ist der Basislängenhalbkreis, bei dem die Zählung der Meridiane beginnt.

Nutzungskonflikt (Seite 140)
Unterschiedliche Nutzungen in einem Gebiet können zu Problemen und Auseinandersetzungen zwischen den Beteiligten führen. Dann spricht man von einem Nutzungskonflikt.

Öffentliches Verkehrsmittel (Seite 68)
Ein Verkehrsmittel, das gegen Bezahlung Leute befördert – z. B. Eisenbahn, Flugzeug, U- und S-Bahn, Bus oder Taxi.

Ökologische Landwirtschaft (Seite 126)
Bauern, die ökologische Landwirtschaft betreiben, wollen verhindern, dass sich im Boden, in den Pflanzen und im Fleisch der Tiere zu viele chemische Rückstände ansammeln. Sie benutzen keine chemischen Spritzmittel und verwenden nur natürlichen Dünger, wie z. B. Stallmist. Sie bemühen sich außerdem, den Boden möglichst schonend zu bearbeiten. Ihre Produkte sind wegen des größeren Aufwandes in der Regel teurer als Produkte herkömmlich geführter Betriebe.

Ozean (Seite 32)
Die einzelnen, durch Kontinente voneinander getrennten Teile des Weltmeeres werden Ozeane genannt. Dies sind der Atlantische, der Indische und der Pazifische Ozean.

Pendler (Seite 68)
Pendler sind Menschen, die regelmäßig ihren Wohnort verlassen, um in einem anderen Ort zu arbeiten, zur Schule zu gehen oder einzukaufen. Sie „pendeln" also (zumeist täglich) zwischen zwei Orten hin und her.

Physische Karte (Seite 18)
Die physische Karte ist ein wichtiges Hilfsmittel, um sich zu orientieren. Sie enthält u.a. Landhöhen (Farbgebung in Grün, Gelb und Braun), Oberflächenformen (Schummerung), Höhenangaben, Gewässer, Orte, Verkehrslinien, Grenzen sowie Einzelzeichen (Berg, Stausee, Kirche usw.).

Planet (Seite 26)
Ein Planet ist ein Himmelskörper, der die Sonne auf einer Umlaufbahn umkreist. Er leuchtet nicht selbst, sondern wird von der Sonne angestrahlt. Acht Planeten umkreisen die Sonne. Einer davon ist die Erde.

Planquadrat (Seite 8)
Ein Planquadrat ist ein Feld im Gitternetz einer Karte, das mit einer Kombination aus einem Buchstaben und einer Zahl bezeichnet wird, beispielsweise A 5.

Rekultivierung (Seite 82)
Die Wiederherstellung von Landschaften, die durch den Abbau von Kohle, Kies oder anderen Bodenschätzen im Tagebau zerstört wurden, nennt man Rekultivierung. Die riesigen Löcher werden vielfach aufgefüllt, großenteils durch Abraum. In Restlöchern entstehen Seen. Wälder werden gepflanzt und Grünflächen angelegt. Außer zur Erholung kann eine rekultivierte Landschaft auch landwirtschaftlich genutzt werden.

Rohstoff (Seite 84)
Ein Rohstoff ist ein unverarbeiteter Stoff, so wie er in der Natur vorkommt (z. B. Holz, Eisenerz, Rohöl). Rohstoffe werden bearbeitet und weiterverarbeitet. Man stellt daraus häufig Fertigwaren (z. B. Möbel, Pkw) her.

Sanfter Tourismus (Seite 148)
Der sogenannte sanfte Tourismus ist eine Form des Tourismus, der Natur und Landschaft nur gering belastet und auf die Traditionen und Interessen der einheimischen Bevölkerung Rücksicht nimmt.

Säulendiagramm (Seite 94)
Ein Säulendiagramm zeigt eine Reihe vertikaler Balken, die bestimmte Wertgruppen darstellen. Säulendiagramme sind nützlich, um unterschiedliche Werte zu veranschaulichen und vergleichbar zu machen.

Schrägluftbild (Seite 22)
Ein Schrägluftbild zeigt die Landschaft von schräg oben.

Senat (Seite 60)
Als Senat wird die Regierung der Stadtstaaten Hamburg, Berlin und Bremen bezeichnet.

Senkrechtluftbild (Seite 22)
Ein Senkrechtluftbild zeigt die Landschaft senkrecht von oben.

Signatur (Seite 22)
Auf Karten gibt es Flächenfarben und Signaturen (z. B. schwarzes, auf einer Ecke stehendes Quadrat für Steinkohle). Sie werden in der Legende erklärt.

Sonne (Seite 26)
Die Sonne ist der zentrale Stern unseres Sonnensystems, um den sich die Planeten auf Umlaufbahnen bewegen.

Spezialisierung (Seite 114)
Unter Spezialisierung versteht man den Anbau einer oder weniger Feldfrüchte statt vieler unterschiedlicher Früchte bzw. Züchtung nur einer Tierart, z. B. in der Massentierhaltung.

Stadtplan (Seite 8)
Ein Stadtplan ist eine Karte. Er enthält z. B. alle Straßen der Stadt mit Namen, die öffentlichen Gebäude, Parkplätze, Grünanlagen. Oft sind auch die Bus- und Straßenbahnlinien eingezeichnet. Meistens enthält er auch ein Gitternetz und ein Straßenverzeichnis (das entspricht einem Register), um eine gesuchte Straße oder einen gesuchten Platz schnell finden zu können.

Stadtteil (Seite 60)
Eine Stadt besteht aus verschiedenen Teilen oder Gebieten. Sie unterscheiden sich durch ihre Nutzung, das Aussehen der Gebäude, den Verlauf der Straßen. Man unterscheidet z. B. die City, Wohngebiete, Erholungsgebiete, Industrie- und Gewerbegebiete.

Standortfaktor (Seite 84)
Wenn ein Betrieb sich an einem bestimmten Standort ansiedelt, so sind dafür bestimmte Gründe ausschlaggebend, z. B. vorhandene Arbeitskräfte, gute Verkehrsan-

bindung. Die Gründe, die für oder gegen den Standort sprechen, werden Standortfaktoren genannt.

Steinkohle (Seite 84)
Die Steinkohle entstand aus abgestorbenen Pflanzen unter Luftabschluss. In Deutschland ist sie etwa zehnmal so alt wie die Braunkohle. Steinkohle brennt wesentlich besser, weil sie weniger Wasser enthält. Sie liegt in Deutschland so tief unter der Erde, dass man sie nur im teuren Untertagebau abbauen kann.

Stückgut (Seite 96)
Güter, die vor dem Transport in Fässer, Ballen, Container, Säcke oder Kisten verpackt werden.

Südhalbkugel (Seite 28)
Die Südhalbkugel ist der Teil der Erde, der südlich des Äquators liegt.

Südpol (Seite 32)
Der Südpol ist der südlichste Punkt auf der Erde. Er ist der am weitesten entfernte Punkt vom Äquator auf der südlichen Halbkugel. Am Südpol gibt es nur eine Himmelsrichtung: Alle Wege führen nach Norden.

Tagebau (Seite 80)
Bodenschätze, die nicht sehr tief unter der Erde liegen und daher direkt von der Erdoberfläche aus abgebaut werden, gewinnt man im Tagebau (z. B. Braunkohle).

Terminal (Seite 96)
Ein Terminal im Hafen ist eine Anlage, an der Container abgefertigt werden. Zum Beispiel werden die Container von Schiffen auf Güterzüge oder Lkw verladen.

Thematische Karte (Seite 18)
Dieser Kartentyp behandelt immer ein spezielles Thema. Nahezu alles, was räumlich verbreitet ist, lässt sich hier darstellen. So gibt es z. B. thematische Karten zur Bevölkerungsdichte, zur Wirtschaft oder zum Luftverkehr.

Umsiedlung (Seite 82)
Wenn Menschen in andere Gebiete umziehen müssen, spricht man von Umsiedlung. Dies ist zum Beispiel der Fall, wenn die Regierung eines Landes Bewohner aus Gebiete, die sehr dicht besiedelte sind, in dünnbesiedelte Gebiete ziehen lässt. Oft wird dabei staatliche Unterstützung (Geld, Beratung) gewährt.

Verhüttung (Seite 84)
Als Verhütten wird das Ausschmelzen von Metallen aus Erzen unter hohen Temperaturen bezeichnet.

Verkehrsknotenpunkt
(Seite 92)
Ein Knotenpunkt in einem Verkehrsnetz, an dem sich Verkehrsadern des Nah- und des Fernverkehrs treffen, werden Verkehrsknotenpunkt genannt. Dort bestehen oft auch Umsteigemöglichkeiten.

Verkehrsmittel (Seite 92)
Transportgerät für Güter oder Personen. Nach ihrer Nutzung wird zwischen öffentlichen (z. B. Bus, U-Bahn, S-Bahn, Flugzeug) und privaten Verkehrsmitteln (Pkw, Fahrrad, Motorrad) unterschieden. Verkehrsmittel benötigen verschiedene Verkehrswege (Straße, Schiene, Wasser, Luft).

Verkehrsweg (Seite 92)
Verkehrswege nennt man alle Arten von Wegen, Linien oder Trassen, auf denen sich der Verkehr bewegt. Verkehrswege sind 1. die baulichen Anlagen, z. B. Straßen, Eisenbahngleise, Kanäle; 2. die natürlichen Wege, z. B. Schifffahrts- und Luftverkehrswege.

Virtuelles Lexikon (Seite 86)
Ein virtuelles Lexikon ist ein Nachschlagwerk im Internet (z. B. Wikipedia).

Wasserwerk (Seite 70)
Ein Wasserwerk ist eine technische Anlage, in der Wasser aufbereitet wird. Es kann dann als Trinkwasser in das Leitungsnetz abgegeben werden.

Wattenmeer (Seite 138)
Das Wattenmeer ist der Teil des Meeresbodens, der bei Ebbe trockenfällt und bei Flut vom Meer überschwemmt wird. In Deutschland liegt das Watt zwischen den Nordsee-Inseln und dem Festland. Bei jeder Flut bleiben im Wasser mitgeführte Schwebstoffe zurück und lagern sich auf dem Meeresboden ab.

Wetter (Seite 108)
Wetter nennt man das Zusammenwirken von Temperatur, Luftdruck, Wind, Bewölkung und Niederschlag zu einem bestimmten Zeitpunkt an einem bestimmten Ort. Man beobachtet und misst das Wetter in den Wetterstationen.

Windrose (Seite 8)
Die Windrose ist eine zeichnerische Darstellung der Himmelsrichtungen. Die Haupthimmelsrichtungen (Norden, Süden, Osten, Westen) sind mit ihren Unterteilungen eingetragen.

Zeitzone (Seite 36)
Eine von insgesamt 24 international festgelegten Zonen, die die Erde von Norden nach Süden umspannen und jeweils etwa 15 Meridiane umfassen. In einer Zeitzone gilt dieselbe Uhrzeit. Von Zone zu Zone ist die Uhrzeit jeweils um eine Stunde verschieden.

Das Buch enthält Beiträge von: Matthias Bahr, Franz Bösl, Andreas Bremm, Klaus Claaßen, Margit Colditz, Dieter Engelmann, Renate Frommelt-Beyer, Peter Gaffga, Martina Gelhar, Wilhelm Gödde, Ute Irmscher, Silke Jennings, Claus Kappl, Peter Kirch, Norma Kreuzberger, Wolfgang Latz, Karin Leditznig, Jürgen Nebel, Friedrich Pauly, Frank Peterhoff, Hans-Joachim Pröchtel, Simone Reutemann, Claudia Schaal, Olaf Sukrow, Rita Tekülve und Ralf Tieke

Bildquellenverzeichnis

A1PIX /Your Photo Today, Taufkirchen: 68 M2; alamy images, Abingdon/Oxfordshire: 41 Wombat (Arco Images GmbH); Anders, Uwe, Cremlingen/Destedt: 107 M3; Arbeitsgemeinschaft für artgerechte Nutztierhaltung e.V., Stelle: 124 M1; argus Fotoarchiv, Hamburg: 57 M3 o.re. (Schroeder), 122 M1 (Raupach); Artbox Grafik & Satz GmbH, Bremen: 8 M1, 8 M2; Astrofoto , Sörth: 27 M1, 56 M1; Axel Springer AG, Hamburg: 141 M4; Bahr, M., Vechta: 13 M4; BASF Agrarzentrum Limburgerhof: 106 M1; Big Shots Contact, Potsdam: 8 u.li.; Bildarchiv Preußischer Kulturbesitz, Berlin: 14 M2, 30 M4, 42 M1 (SBB), 43 M3; bildarchiv-hamburg.de, Tangstedt/Hamburg: 61 M3 li.m., 61 M3 li.o.; Blickwinkel, Witten: 52 M3 (Christof Wermter); Brameier, Ulrich, Hamburg: 62 M1, 62 M2, 62 M3, 62 M4, 63 M5, 63 M7, 64 M4, 64 M5, 64 M6, 68 M1, 96 M2; CLAAS KGaA mbh, Harsewinkel: 114 M1 re.; Corbis, Düsseldorf: Titelbild (Heinz Mollenhauer), 41 Lamas (Neden); Das Luftbild-Archiv, Wennigsen: 46 M3, 74 M4 m., 137 M2 m., 142 M1; Demmrich, André, Berlin: 41 Koala; Deutsche Bahn AG, Berlin: 69 M5 (Günter Jazbec), 73 M2 re. (Roland Horn); Deutsche Bundespost Berlin: 103 M3; Deutscher Wetterdienst DWD, Offenbach: 111 M4; DLR Deutsches Zentrum für Luft- und Raumfahrt, Weßling, OT Oberpfaffenhofen : 4.2 und 24; Dreamstime.com, Brentwood: 35 M4 (Pat Olson), 4.4 und 58/59 (Interlighttv), 66 M3 li. (Ashwin Kharidehal Abhirama); Duisburger Hafen AG, Duisburg: 88 M2, 93 u.re.; dws Werbeagentur GmbH, Duisburg: 93 M2; Falk Verlag, Ostfildern: 65 M7; Fiskeri- og Sjofartsmuseet. Saltvannsakvariet, Esbjerg V: 141 M2; Fochler, Dirk, Wendhausen: 113 M3; Focus, Hamburg: 134 M1.2 (Pielow); Fotoatelier Federau, Hamburg: 138 M3; Fotoflug.de, Ennepetal: 97 M5; fotolia.com, New York: 42 M2 a (mashe), 42 M2 b (saurebeere), 42 M2 c (Jaroslaw Grudzinski), 42 M2 d (Uros Petrovic), 42 M2 e (elli), 45 u. (Michael Urmann), 61 M3 li.u. (Santje); Gaffga, Peter, Eggenstein-Leopoldshafen: 5.3 und 132/133; Galeries Lafayette (Deutschland) GmbH, Berlin: 76 M3; GeoGraphic Media GmbH, München: 137 M2 o.m. (Bognar); Germanisches Nationalmuseum, Nürnberg: 33 M4; Gesamtverband des deutschen Steinkohlenbergbaus, Essen: 85 M3; Getty Images, München: 41 Orang-Utan (Louis Schwartzberg), 136 M1 li. (Jupiterimages Welsh); Hafen Hamburg Marketing e.V. , Hamburg: 98 M1, 101 o.li. (Hettchen), 101 o.re. (Sperber), 101 u. 2.v.li. (Hettchen), 101 u. 2.v.re. (Hettchen), 101 u.li. (Hasenpusch); Hamburg Port Authority AöR, Hamburg: 96 u.re.; HAMBURG WASSER: 70 o., 71 M3; Hamburger Verkehrsverbund GmbH, Hamburg: 69 M4; Hannover Marketing und Tourismus GmbH, Hannover: 135 m.; Hartmann, O., Münster: 99 M4; Heitefuß, Dieter , Braunschweig: 119 M3; Hoh, Eugen, Leutkirch im Allgäu: 129 M3, 129 M4 re.; i.m.a - information.medien.agrar e.V., Bonn: 118 M1; iglo GmbH, Hamburg: 116 M2; imago stock&people/sportfotodienst GmbH, Berlin: 57 M3 o.li. (Reinhard Kurzendörfer); Interessengemeinschaft Traditionslok 58 3047 e.V., Glauchau: 88 M1; iStockphoto, Calgary: 4.1 und 6/7 (kzenon), 45 m.li. (Michael Fernahl), 45 m.re. (Nikada), 45 o. (RelaxFoto.de), 66 M3 2.v.li. (Don Bayley), 66 M3 2.v.re. (Don Bayley), 66 M3 re. (Jonny Kristoffersson); Kerkhof, H., Lage: 94 M1; Kliem, Thomas , Kalkar: 137 M2 u.re.; Kluyver, Urs, Hamburg: 69 M3; Kreuzberger, Norma, Lohmar: 134 M1.1, 139 M6, 148 M1; Kurverwaltung Garmisch-Partenkirchen: 52 M2, 146 M1, 147 M3; Landesmedienzentrum Rheinland-Pfalz, Koblenz: 109 M3 (Merten Fotodesign); Latz, Wolfgang, Linz: 100 M1; Leditznig, Karin, Bad Endorf: 35 M5; LOOK-foto, München: 143 M5 (TerraVista); Luftbildverlag Hans Bertram GmbH, Memmingerberg: 22 M2; Lüdecke, Matthias , Berlin: 75 M9; MairDumont, Ostfildern: 138/139 M4; Mathis, I., Merzhausen: 5.2 und 104/105; Matzen, H., Selk: 32 M1; mauritius images, Mittenwald: 12 M1, 12 M3 (Peter Enzinger), 29 M4 (age fotostock), 41 Grizzlies, 41 Igel (Reinhard), 136 M1 re. (Manus), 145 M4 (Reichart); Mercedes Benz AG, Stuttgart: 90 M1; MILEI GmbH, Stuttgart: 128 M2, 129 M4 li.; Movie Park Germany GmbH & Co. KG, Bottrop-Kirchhellen: 91 M3; NASA, Houston/Texas: 27 M2; NASA/ESA: 27 M3; Nebel, Jürgen, Muggensturm: 16 M1, 32 M2, 33 M5, 33 M6, 33 M7, 66 M1, 67 M6; Nußbaum, Dennis, Koblenz: 95 M6; Nägele, E., Cheltenham: 149 M3; Pauly, Friedrich, Wiesbaden: 10 M2, 10 M3, 64 M1, 64 M2, 64 M3; Pflüger, Holger, Springe: 121 M5; Picture-Alliance, Frankfurt/M.: 34 M2 (Hildenbrand, K.-J.), 34 M3 (Torsten Schmidt, Zentralbild), 52 M1 (Elmar Hartmann), 57 M3 u.re. (Härtrich), 70 M1 (dpa/Stefan Hesse), 73 M2 li. (dpa), 99 M3 (dpa/Maurizio Gambarini), 102 M1 (Häsler, Axel), 111 M5 (ZB/W. Grubitzsch), 130 Logo u., 134 M1.3 (epa Keystone/Tischler); pixelio media GmbH, München: 125 M2 (josupewo); Plättner, Jens, Braunschweig: 75 M7; PlanetObserver, F-Clermont-Ferrand: 4.3 und 44 Deutschland; Presse - und Informationsamt des Landes Berlin, Berlin: 74 M4 o.; Presse- und Informationsamt der Bundesregierung - Bundesbildstelle, Berlin: 74 M4 u.; RAG Deutsche Steinkohle AG, Herne: 86 M1; Ravensburger AG, Ravensburg: 72 M1; Regionalverband Ruhr - RVR, Essen: 22 M1, 46 M1, 89 u.re.; RWE AG, Essen: 5.1 und 78/79, 81 M3, 82 M1 li., 82 M1 re.; Scholz, Henning, Hamburg: 61 M3 re.o.; Schönauer-Kornek, Sabine, Wolfenbüttel: 3, 14 M1, 26 m., 30 M1, 38/39 Illus, 45 Illus, 46 m. Illus, 47 m. Illus, 48/49 Illus, 50 Illu, 51 M3, 55 M4, 83 M4, 92 M1, 110 u.li., 112 M3, 119 Illus, 20 M1, 20 o.; Szymkowiak, A., Dortmund: 101 u.re.; Tanck, Birgit , Hamburg: 140 M1; Tekülve, R., Essen: 115 M5, 117 M4, 126 M1, 126 M3, 127 M4, 127 M5; Thaler, Ulrich, Leipzig: 47 M4; ThyssenKrupp Steel AG, Duisburg-Ruhrort: 90 M2; Tierbildarchiv Angermayer, Holzkirchen: 41 Känguru (Ziesler), 41 Pinguine (Reinhard), 125 M3 (Reinhard); TopicMedia Service, Ottobrunn: 41 Tiger (Lacz); Tourismusverein Altes Land e.V., Jork: 120 M2 (Diana Asbeck); Tönnies, Uwe, Laatzen: 114 M1 li.; ullstein bild, Berlin: 28 M3, 43 M4 (Granger Collection), 57 M3 u.li. (Auto BILD Syndication), 139 M7 (imagebroker.net); vario images, Bonn: 66 M3 m. (First Light), 150 M1 (Culture); Visum Foto GmbH, Hamburg: 61 M3 re.u. (M. Steinmetz); Weis, Serge, Rolleng/Mersch : 87 M2; Wildlife Bildagentur GmbH, Hamburg: 41 Zebra (JBS); Witters Sport-Presse-Fotos GmbH, Hamburg: 61 M3 re.m. (Valeria Witters); World Sunlight Map/www.die.net/earth: 36 M1.